水禽高效生产技术

谢献胜　唐现文　王日君　主编

中国农业出版社

图书在版编目（CIP）数据

水禽高效生产技术/谢献胜，唐现文，王日君主编
.—北京：中国农业出版社，2013.8
ISBN 978-7-109-18139-7

Ⅰ.①水…　Ⅱ.①谢…②唐…③王…　Ⅲ.①水禽—
养禽学　Ⅳ.①S83

中国版本图书馆 CIP 数据核字（2013）第 171134 号

中国农业出版社出版
（北京市朝阳区农展馆北路 2 号）
（邮政编码 100125）
策划编辑　肖　邦

中国农业出版社印刷厂印刷　新华书店北京发行所发行
2013 年 9 月第 1 版　2013 年 9 月北京第 1 次印刷

开本：850mm×1168mm 1/32　印张：7.25
字数：192 千字
定价：16.00 元
（凡本版图书出现印刷、装订错误，请向出版社发行部调换）

本书编写人员

主　编　谢献胜　唐现文　王日君

副主编　陆桂平　王利刚　张　玲

　　　　李圣平　王　洁

参　编　田培余　张响英　李小芬

　　　　顾文婕　刘金华　吉俊玲

　　　　袁旭红　谢小峰　段修军

审　稿　杜文兴

前 言

QIANYAN

  我国水禽业历史悠久，随着农业生产结构的战略调整和农村经济的全面发展，水禽业生产成为发展农村经济的一个重要支柱产业。特别是近年来，我国水禽业生产迅猛发展，成为世界上最大的水禽生产国，水禽的饲养量、产肉量、产蛋量和产绒量居世界第一位。虽然也曾受到疫病冲击，但市场形势依然看好，广大养殖户和养殖企业对发展水禽业的兴趣不减。2013年是"十二五"第一年，畜牧业产值占农业总产值比重上升，各地积极以加快畜牧业现代化发展为目标，进一步加大工作力度，加强畜牧业基础设施建设，积极推进养殖方式转变，努力提高畜牧业综合生产能力，水禽业也呈现出良好的发展态势。

  水禽业良好的市场前景为行业发展提供了强大动力，各地水禽养殖户和养殖企业在发展生产的同时，急需必要的专业知识作为技术后盾。尤其随着近几年农畜产品安全事件的不断出现，畜产品安全问题也要求养殖户和养殖企业掌握必要的生产技术，确保从源头上控制畜产品质量。

  为了满足养殖户和养殖企业所需、促进高效生态水禽生产技术的推广、不断拓宽农民获取科学知识的渠道，让更多的农民掌握水禽生产技术，为建设社会主义新农村作贡献，我们编写了这本书。全书从国内水禽业的实际情况出发，突出科学性、实用性、系统性，结合编者多年来在水禽养殖第一线积累的经验，在水禽的生物学特性、禽舍建造、水禽孵化、鸭生产、鹅生产、水禽常见病防治、水禽场经营管理等方面做了详尽的介绍，在实现水禽高效饲养、保证消费者身体健康和出口贸易方面起到积极作用，对水禽养殖户有一定的实用及参考价值。

本书编写过程中，参考了国内同行的一些有价值的资料，均已列入参考文献中，在此表示深深的谢意。由于作者水平有限和时间仓促，书中难免有不足之处，敬请专家和广大读者批评指正，提出宝贵意见。

编　者

2013 年 4 月于泰州

目 录

MULU

第一章 绪 论

　　水禽是家禽生产中的重要组成部分，目前的水禽生产主要是指鸭和鹅的生产。鸭、鹅都是经过人类长期驯化和培育而成，在家养条件下可以正常生存和繁衍并具有一定的经济价值。水禽具有繁殖力强、生长迅速、饲料转化率高、适宜密集饲养的特点，能在较短的生产周期内，以较低的成本生产出营养丰富的蛋、肉产品，从而提高人民生活水平和质量，满足人民对小康生活的需求。

第一节　现代水禽业概述

一、我国水禽生产的现状与前景

　　我国作为世界水禽生产第一大国，广大养殖户和水禽生产专家一直对发展水禽业的兴趣不减。2006 年，农业部编制了《全国畜牧业发展第十一个五年规划》，国家八部委也制定了扶植农业、畜牧业龙头企业的计划，国务院又出台了《关于促进畜牧业持续健康发展的意见》，强调坚持"多予少取放活"和"工业反哺农业、城市支持农村"的方针。这就为水禽业的发展指明了方向并给予了积极的政策支持。过去水禽养殖主要集中在长江以南各地，现在产粮大省山东、东北等地水禽业发展也很快，形成了北养南销的新格局。东北、华北各地饲料资源丰富，饲养成本低，是发展水禽业的理想地区，南繁北养也成为拉动产业发展的动力之一。2008 年下半年以来，各地积极以加快畜牧业现代化发展为目标，进一步加大工作力度，加强畜牧业基础设施建设，积极推进养殖方式转变，努力提高畜牧业综合生产能力，水禽业也呈现出良好的发展态势。

我国水禽业历史悠久，随着农业生产结构的战略调整和农村经济得到全面的发展，水禽业生产成为发展农村经济的一个重要支柱产业。特别是近年来，我国水禽业生产迅猛发展，鸭、鹅存栏量、屠宰量、肉产量、蛋产量等均居世界首位。据联合国粮农组织统计：2005 年，全世界鸭、鹅的总存栏量分别为 10.464 6 亿只和 3.019 7 亿只，其中我国的鸭、鹅存栏量分别为 7.250 2 亿只和 2.678 2 亿只，分别占世界鸭、鹅总存栏量的 69.28％和 88.69％；全世界鸭、鹅的总屠宰量分别为 23.896 7 亿只和 5.842 9 亿只，其中我国的鸭、鹅屠宰量分别为 18.043 6 亿只和 5.431 6 亿只，分别占世界鸭、鹅总屠宰量的 75.51％和 92.96％；全世界鸭、鹅肉的总产量分别为 345 万吨和 233 万吨，其中我国鸭、鹅肉总产量分别为 235.01 万吨和 217.25 万吨、分别占世界鸭、鹅肉总产量的 68.12％和 93.24％。

我国虽是水禽业第一生产大国，却不是生产强国，与发达国家有一定的差距，主要问题有以下几个方面：①饲养模式落后，我国农村基本上是千家万户分散饲养，条件简陋、粗放管理的经营模式依然存在，不利于采用先进的科学配套技术，提高产品数量和质量。②良种繁育体系不健全，多数水禽场着眼当前生产效益，处于自繁自养、杂交滥配状态，不仅不利于本品种选育、品系选育和开展配套系杂交，而且严重地影响了水禽业规模化、产业化的发展。③防疫难度大，由于水禽饲养较为分散，面广量大，饲养环境不能封闭，极易感染各种传染病，一旦发病，传播较快、损失严重。④产品深加工相对滞后、加工产品和品种单一、附加值较低，不利于生产适销对路的产品；产品不能有效地参与国际市场竞争。

水禽业要取得长足的发展，应做好以下几个方面的文章。

1. 依托饲草资源，大力发展水禽业 可以充分利用我国各类天然草地、草山、草坡，根据鹅的生物特性及现代鹅业生产的需要，对天然草场进行人工改良，种草养鹅，用充足的青饲料大力发展水禽业生产。

2. 建立水禽良种繁育体系 充分利用水禽品种资源，加快品种改良，培育出高产鹅群和鸭群，不仅要建立水禽良种繁育体系，而且还要建立水禽杂交生产体系。

3. 建立水禽生产基地，培育产业化龙头企业 加强水禽生产基地的建设，是实现产业化的基础；扶持龙头企业是实现水禽业现代化、产业化的关键。要充分利用当地自然资源条件，从源头抓起，建设规模适中的水禽生产基地和产业化的龙头企业，实现品牌战略，把水禽业做大做强。

4. 建立、健全水禽产品深加工体系 我国水禽产品深加工体系的建设，是水禽生产进一步发展的瓶颈，只有进行水禽产品的深加工才能不断增产、增值，保持水禽业稳定快速发展。

5. 建立完善科技服务体系 加大科技服务体系的建设，是壮大巩固基地和增强龙头企业活力，实现产业化的根本保障。"以龙头企业为主体，以农户为基础，以契约为保证"，组建科技服务体系，形成风险共担、利益双赢的共同体运作机制，将从根本上解决农户的产品销售与市场的矛盾，让农户不再为产品销售而发愁。一要建立信息服务体系，二要建立良种推广服务体系，三要建立科学饲养服务体系。

二、水禽养殖的经济效益

我国有丰富的鸭、鹅羽绒资源，每年可产羽绒 9 万吨，占世界产绒量的 65%。羽绒产品主要出口美国、德国、法国、英国、日本和中东等国家和地区，2010 年出口创汇 21 亿美元。

肥肝市场发展潜力大。目前肥肝是国际市场上的抢手货。法国虽是肥肝生产大国和制品出口国，但每年仍需要进口大量肥肝。据了解除法国是肥肝消费大国外，日本也掀起了肥肝的消费热潮，据专家预测，几年后日本将成为肥肝消费第二大国。国内对肥肝也出现了大量消费趋势，广东、上海、北京等地需求量不断增长。

水禽肉的营养价值高，颇受消费者的青睐。2004 年，水禽肉产量已占禽肉总产量的 32.3%。水禽肉含蛋白质 22.3%，比其他肉类高，赖氨酸和丙氨酸含量均高出肉仔鸡 30 个百分点，组氨酸高出 70 个百分点；水禽肉不仅脂肪含量低，且多为不饱和脂肪酸，有益于人体健康，而且又有药用食疗功效。中医认为鹅肉有补阴益气，暖胃开津和缓解铅中毒之功效。如烤鹅、烧鹅、酱鹅、腊鹅、鹅肉香肠和烤鸭、盐水鸭、酱鸭、板鸭、卤鸭和熏鸭等，还可开发一些鸭肉罐头、鸭肉丸、鸭肉干等产品，深受消费者的欢迎。

水禽蛋产业发展非常迅速。2003 年，我国水禽蛋产量为360.4 万吨，占禽蛋总产量的 13.8%，成为世界第一产蛋大国，不仅是我国畜禽产品的出口商品，而且贸易量居世界首位。

鹅血开发利用价值高。据报道，用鹅血制剂治疗胃癌、食管癌、肺癌、肝癌、乳腺癌等恶性肿瘤可缓解患者病症。现代医学研究证明，鹅血中免疫球蛋白含量高，能增强机体的免疫力。

第二节　水禽的生理特性

1. 新陈代谢旺盛　禽类生长迅速，繁殖能力高。其基本生理特点是新陈代谢比较旺盛，主要体现在以下几个方面。

（1）体温高　水禽的体温比家畜高，一般在 40～42℃，而大家畜的体温均在 40℃以下。

（2）心率高、血液循环快　水禽心率的范围一般在 160～470 次/分钟，而家畜中马仅为 32～42 次/分钟，牛、羊、猪为

60~80次/分钟。同类水禽中一般体型小的比体型大的心率高；幼禽的心率比成年水禽高，以后随年龄的增长而有所下降。心率除了因品种、性别、年龄的不同而有差别外，同时还受环境的影响。例如，环境温度增高、惊扰、噪声等都会使水禽的心率增高。

（3）呼吸频率高 水禽呼吸频率因品种和性别的不同会有所差异，其范围在22~110次/分钟。同一品种中，雌性较雄性的呼吸频率高。此外，水禽的呼吸频率还会随环境温度、湿度以及环境安静程度的不同而有很大变化。

（4）对缺氧非常敏感 水禽对缺氧非常敏感，其单位体重耗氧量是家畜的2倍甚至更高。

2. 体温调节机能不完善 水禽与其他恒温动物一样，依靠产热、隔热和散热来调节体温。产热除直接利用消化道吸收的葡萄糖外，还利用体内贮备的糖原、脂肪或在一定条件下利用蛋白质通过代谢过程产生热量，供机体生命活动包括调节体温需要。隔热主要靠皮下脂肪、覆盖贴身的绒羽以及紧密的表层羽片，可以维持比外界环境温度高得多的体温。散热与其他动物一致，依靠传导、对流、辐射和蒸发。但由于水禽皮肤没有汗腺，又有羽毛紧密覆盖所构成的、非常有效的保温层，当环境气温上升达到26.6℃时，辐射、传导、对流的散热方式就会受到限制，而必须靠呼吸排出水蒸气来散发热量以调节体温。随着气温的升高，呼吸散热则更为明显。若水禽体温持续升高，会出现张嘴喘气、翅膀下垂、咽喉颤动等症状。这种情况若不能及时纠正，就会影响生长发育和生产，甚至导致昏厥死亡。

3. 繁殖潜力大 雌性水禽虽然仅左侧卵巢与输卵管发育正常具有生殖机能，但其繁殖能力很强，高产蛋鸭年产蛋可以达到300枚以上。水禽卵巢上用肉眼可见到很多卵泡，在显微镜下则可见到上万个卵泡。每枚蛋就是一个巨大的卵细胞。若这些蛋经过孵化有70%成为雏禽，则每只母禽一年可以获得200多个后代。鹅的繁殖潜力相对较低。

雄性水禽的繁殖能力也是很突出的。根据观察，一只精力旺盛的公鸭，1天可以交配40次以上，每天可交配10次。一只公鸭配10～15只母鸭可以获得较高受精率。水禽的精子不像哺乳动物的精子容易衰老、死亡，一般在母禽输卵管内可以存活5～10天，个别可以存活30天以上。

禽类要飞翔须减轻体重，因而为卵生，胚胎在体外发育。可以用人工孵化法来进行大量繁殖。当种蛋被排出体外，温度下降胚胎发育停止，在适宜温度（15～18℃）下可以贮存10天，长者达20天，提高温度仍可孵出雏禽。要充分发挥水禽繁殖潜力大的长处，必须实行人工孵化。

禽蛋是卵巢、输卵管活动的产物，是和禽体的营养状况和外界环境条件密切相关的。外界环境条件中，以光照、温度和饲料对繁殖的影响最大。在自然条件下，光照和温度等对性腺的作用常随季节变化而变化，所以产蛋也有季节性。随着现代生物技术的发展，在现代水禽业生产中，人们正在努力控制和改造季节性产蛋现象，以实现全年性的均衡产蛋。

第二章 禽舍建造

第一节 水禽场场址选择

水禽场场址的选择，不但关系到经济效益的高低，而且是养殖成败的关键。必须在饲养水禽之前作好周密计划，选择合适的地点建场。要建立一个符合要求的水禽场，首先要明确建场的性质、任务和规模，再根据当地气候、经济条件、交通情况选择场地，拟定水禽场各类建筑物的整体布局，设计与饲养工艺相应适合的各类水禽舍和选购相应的饲养设备和用具。

一、地势和土质

首先，应选在地势较高、干燥的地方，向阳避风；在靠近河流、湖泊地区建场，为防水淹，所选场址应比当地历年水文资料中最高水位高出 1～2 米，以确保安全；在山区建场要注意地质构成情况，要避开断层、滑坡、塌方的地段；也不要在坡底、谷地和风口地方建场，以免受山洪和暴风雪的袭击；尽量远离潮湿的沼泽地区，以防止一些体内外寄生虫和蚊、蝇的滋生。禽场的地面要平坦，有一定坡度，以利于排水，防止场内积水。

其次，地形要开阔整齐，既要使禽场有充足的发展空间，又要有利于禽场防护设施的建设。场内要有充足的阳光，在饲养生产中，充足的阳光可以杀死更多的病原菌，有利于整个场区的自净。禽舍四周在不影响光照和通风的情况下，可以种植一些阔叶乔木，对整个禽场小环境的控制是有好处的。另外，禽场可以充分利用自然的地形地貌，如河流等作为场区的天然屏障，既防止被周围环境污染，又可以防止禽场污染周围环境。

再次，无论采用何种饲养方式，禽场内的土壤都是以沙壤土最为理想，特别是一些比较贫瘠的沙性土地。因为沙壤土的土质疏松，透水性和透气性良好，能保证场地干燥，不会因雨后场地积水过久而造成泥泞；沙壤土的另一优点是排水良好，导热性小，病原微生物、寄生虫、蚊、蝇等不易滋生繁殖；同时这种土壤有自净能力，不致使有机物发酵产生氨气、硫化氢等有害气体，污染空气。

最后，禽场要避开可耕地，以保护我国有限的耕地。

二、外部环境

1. 交通运输　场址的选择首先要考虑防疫隔离，保证安全生产。中小型禽场应与主要公路相距不少于 100 米，与铁路距离不少于 500 米；要远离其他禽场和屠宰场，以防疫病的交叉传染；了解所在城镇的近期和长期城市规划，要与居民区之间保持较远的距离，一般以不少于 5 千米为宜。由于禽场的产品和饲料的运输量较大，因此，在考虑防疫隔离的同时，也要求禽场附近有良好的交通运输条件，离转运站较近的地方建场，尽可能做到防疫安全与交通运输兼顾。

2. 远离居民区和工业区　场址的选择，必须遵守社会公共卫生准则，使禽场不成为周围环境的污染源，同时也避免被污染。因此，禽场的位置应选在居民区的下风方向，地势略低于居民区，但要远离居民区的排污口。

3. 通信、电力条件　由于禽场要远离居民生活区，所以有些地方的通信就覆盖不到，电力供应不稳定，因此，在选场址时就注意：一是有方便的通信，可安装固定电话、传真和接入网络；二是电力安装方便，供应稳定。同时，禽场自身应配备发电设备，在电力中断时保证场区的基本用电。

4. 有一定的种植业基础 为了降低成本，在选择场址时，一定要考虑当地的农业情况，一方面在饲料的供应上，可以充分利用当地农产品；另一方面，可以使禽场的排泄废物通过无害化处理后，直接成为农业生产的有机肥，反过来提高饲料原料的品质，实现饲料的绿色、无公害化，从而实现养、种结合，推动水禽养殖业的可持续发展。

三、水源

水禽场的用水量大，应以夏季最大耗水量为标准来计算需水量。水源应当充足，水质良好。种禽场和蛋禽场需要水面用作水禽游水活动、交配的良好场所，因此，种禽舍最好选在与天然水域相连的缓坡地方修建，可以减少陆地运动场的面积，又能满足水禽喜水的生活习性。商品肉禽场可不必设水上运动场，但在陆地运动场上要设置足够的饮水器（槽）。

水源要卫生无污染，使用地面水时，要求不含有病菌和毒物、无臭和异味、水质澄清，适于禽群饮用。如建场地区地下水源充足，水质良好，可打井、修水塔，建立供水系统，自给自足。

水禽的用水可分为两部分，一是养殖人员及水禽日常生活饮用水，二是其他用水，包括清洁用水，运动场用水等。

饮水质量必须符合国家《无公害食品 畜禽饮用水水质标准》。绿色畜禽产品养殖过程中畜禽饮用水水质要求和配套的检测方法，适用于生产无公害、绿色食品的集约化畜禽养殖场、畜禽养殖区和放牧区的畜禽饮用水水质。

第二节　水禽养殖场的建造

一、水禽场的合理分区

一个完整的、规模较大的高效水禽场应有许多不同的功能区。功能区的划分是否合理，各功能区的布局是否合理，不仅影响着禽场的基建投资，还影响禽场以后的经营管理、生产组织、生产效率和场区内的小环境及兽医卫生水平。因此，在选定的场地上进行合理的分区及各分区间的合理布局，是建立良好的禽场环境和高效率生产的基础工作和可靠保证。

1. 分区原则

（1）目的明确　场区的划分应当充分体现建场的方针，在满足生产要求的前提下，节约土地的使用，尽量不占用耕地。

（2）因地制宜，充分的利用场区的地形地貌，以创造最有利的水禽生产环境、减少投资、提高劳动生产率。

（3）符合绿色养殖标准　在场区的划分时，要考虑如何避免场区内的相互污染以及如何避免场区的污染物污染外界，特别是靠天然河道建的水禽场。

（4）要有一定的前瞻性　应充分考虑今后的发展，在规划时应留有余地，尤其是对生产区规划时更应注意。

在进行禽舍规划时，同场址选择一样，首先应从人、禽健康的角度出发，以建立最佳生产联系和卫生防疫条件，来合理安排各区位置。职工生活区应占全场上风和地势较高的地段，然后依次为管理区、生产区、粪便及病禽处理区等。

2. 功能区的划分

（1）生活区　包括职工宿舍，食堂及其他生活服务设施和场所。

（2）行政区　包括办公室、会议室、资料室等。

（3）生产区　包括消毒更衣室，休息室，禽舍，供电供水动力设施，饲料贮存、加工、调制，产品库等建筑物。

（4）病禽管理区　　包括兽医室、隔离舍等。

（5）污物处理区　　包括厕所、焚烧炉、粪污处理池等。

二、鸭场建筑物的科学合理布局

在已确定的功能分区内，建筑物布局合理与否，对场区环境状况、卫生防疫条件、生产组织、劳动生产率及基建投资等有直接影响。

1. 布局原则

（1）应根据生产环节确定建筑物之间的最佳生产联系。

（2）应遵守兽医卫生防疫和防火安全的规定。

（3）为减轻劳动强度、提高劳动效率创造条件。

（4）合理利用地形、地势、主风和光照。

2. 鸭场生产流程的布局　　鸭场内最主要的两条线路是：一条是饲料库—鸭舍—蛋库，另一条是饲料库—鸭舍—粪污池。饲料库、蛋库和粪污池与外界联系比较多，要位于生产管理区的边缘；同时，饲料库要和蛋库、粪污池方向相反。

3. 鸭场区布局　　生产区常由若干单元组成，通常一个完整的生产区应包含鸭舍、运动场、水围和绿化带4部分。

（1）鸭舍　　我国地域辽阔，南北、东西气候相差悬殊。北方鸭舍设计主要注意防寒，长江以南则以防暑为主。修建规模型鸭场时，鸭舍的面积要根据鸭群大小而定，一般宽度5~10米，长度最好控制在100米以内，以便于管理和消毒。建造多栋鸭舍时应采取长轴平行配置。当鸭舍超4栋时，可以2行配置，前后对齐，两幢鸭舍前后的间距应为屋顶高度的4倍以上，即5米高的鸭舍屋顶，前后间距应在20米以上。左右鸭舍切不可为了一时美观而采用平行配置，尤其是南方地区，这样的配置影响夏季的通风效果，应该采用左右交叉配置，使夏季的主风能吹向每幢鸭舍。

通常鸭舍还应包含鸭的运动场（育肥鸭可以没有），如鸭滩、水围。

鸭舍、鸭滩、水围三部分常常用围栏围成一体，根据鸭舍的分间和鸭子分群情况，每群分隔成一个部分。另外，养鸭前要做好绿化工作，在鸭舍间设绿化带，既可美化和改善环境，又可调节小气候。

（2）饲料库　建造地位应离每栋鸭舍的位置都较适中，而且位置稍高，既干燥通风，又利于成品料向各鸭舍运输。

（3）兽医室、病鸭舍　应设在鸭场下风，而且相对偏僻的一角，便于隔离，减少空气和水的污染传播。

（4）鸭场道路　道路是联系场内与场外、场区之间、建筑物与设施的纽带。场内道路应净道、污道分道。净道是饲料和产品的运输通道，污道为运输粪便、死鸭、淘汰鸭以及废弃设备的专用道。为了保证净道不受污染，净道、污道两道应互不交叉，出入口分开，设计时可按梳状布置，道路末端直通鸭舍，不能与污道贯通。净道、污道以沟渠或林带相隔。

（5）鸭场废弃物的处理　应设在鸭场最下风，而且放在整个场区的最边角，以便于运出无害化处理的鸭场污物。

（6）办公室和职工住舍　设在鸭场生产区之外、地势较高的上风，以防鸭场的空气和下水的污染及疫病传染。但生活区的生活污水的出口处不应排向鸭场，以免影响鸭的生产和生活。

三、科学建造鸭舍和选购鸭具

（一）科学合理地建造鸭舍

1. 鸭舍的建筑要求

（1）防寒保暖　鸭舍建筑的基本要求是防寒保暖，特别是育雏室。鸭舍的顶部往往需要有隔热保温层。冬季，寒冷的地区要有供暖设施，如用煤炉加热，同时应注意通风，防止一氧化碳中毒。

（2）通风良好　通风效果的好坏，取决于鸭舍与主导风向的夹角。从防止冷风和加强排污效果等因素综合考虑，鸭舍朝向应与主导风向呈 30°～45°夹角为易。

（3）防止兽害　主要包括鼠、犬、狼、蛇等动物的侵害，尤其是鼠和黄鼬的侵袭，不但能伤害鸭子，还能传播疾病，造成疫情。

（4）便于清洗消毒，排水良好。

（5）保持安静，减少各种应激。

（6）因地制宜，降低造价，节约投资　育雏舍要求保温性能良好，干燥透气；肉鸭舍不用建水浴池，以减少肉鸭活动，利于育肥；成年鸭怕热不怕冷，种鸭舍只要能关拦鸭群、挡风遮雨即可。

2. 鸭舍建筑材料的选择　鸭舍建筑用材料的原则应是就地取材，因陋就简。可根据饲养地建材资源条件和当地自然气候情况决定。北方养鸭区，由于冬季寒冷且时间长，因而建筑用材应选砖瓦，这样建筑的鸭舍虽一次性投资大，但较保温，或者在鸭舍南边半坡用塑料薄膜覆盖，这样既可节省投资，又可使鸭舍冬季利用太阳能来保温。长江流域养鸭区，冬季时间短，温度也不很低，这些地方鸭舍可以北面及两侧用砖墙、南面敞开不用挡风墙；夏季温度较高，可以用简陋的草顶竹棚，四周用竹竿围起、无实围墙。

鸭舍地面及种鸭舍的运动场地宜用水泥，如果是人工造水浴沟，也应用水泥为好，以便于清洗和卫生消毒。当然如果饲养区垫料资源丰富，鸭舍内地面也可不用水泥而用垫料，这样的地面既便于种鸭的冬季保温和肉鸭的全年育雏保温，又可节省投资。

3. 科学合理的鸭舍结构　虽然鸭舍建筑结构是根据当地资源和饲养者的投资能力等具体情况而定，但内部结构必须合理，这样才能使饲养管理方便、节省人力和减轻劳动强度。一般内部结构包括门窗面积，走道的宽度，屋檐高度，围栏高度及水、食槽的安放等。

（1）**房舍高度** 按饲养地区划分：北方寒冷地区，为利于保温和节省材料，鸭舍高度可以低些，一般檐口离地面高 2 米左右，长江流域区屋檐离地面距离 2.2～2.4 米，南方温暖区屋檐高需 2.5～2.8 米，以利夏季通风。如按饲养的鸭群类型来划分：肉用仔鸭舍檐口可适当低些，种鸭舍可适当高些；采用网上饲养的檐口可适当高些，采用地面饲养的檐口可适当低些。

（2）**鸭舍跨度** 鸭舍跨度直接影响着内部小气候。太窄，舍内虽易通风换气，但不易保温，受外界气候变化的影响大；太宽，造价高，舍内虽易保温，但不易通风换气。太宽太窄都易造成饲养效果欠佳。所以，为了少受或者免受外界影响，达到冬暖夏凉、通风干燥，形成舍内良好小气候的目的，就必须设计合理的鸭舍跨度。一般来说，考虑保温为主的北方养鸭区和育雏用房，鸭舍跨度可适当宽些；而需要考虑防暑为主的南方养鸭区和种鸭舍，房屋跨度可窄些。对华东地区和长江流域来说，肉用仔鸭舍跨度以 7.0 米，种鸭舍跨度以 5.0～5.5 米为宜，走道宽1.0 米以上，通常是建成单列式，而且分成小间为佳。

（3）**舍内地面** 舍内应尽量铺水泥地面，同时应向运动场方向以 1%～1.5% 的坡度向外倾斜，以利排除室内水分。商品肉鸭舍或农家养鸭如受条件限制，也可不铺水泥地，而用垫料，尤其是北方养鸭区，由于气候比较干燥，鸭舍需要保温，更适于在舍内采用垫料饲养。

（4）**运动场** 又称"陆上运动场"，是鸭子吃食、梳理羽毛和昼间小憩的场所。其面积应大于鸭舍面积。由于鸭脚短，飞翔能力差，不平的地面常使其跌倒碰伤，不利于鸭群活动。要求地面平整，略向水面倾斜，不允许坑坑洼洼，以免蓄积污水。鸭滩的大部分地方可以是泥土地面，但运动场和水面连接的倾斜处要用水泥砂石砌好，以防水浪冲击后泥土塌陷；斜坡要倾斜 25°～30°，且延伸到枯水期的最低水位线以下。因斜坡是鸭子上岸、下水的必经之路，使用率极高，加上风吹雨打，风浪冲击，非常容易损坏。养鸭前必须修得坚固、平整。有条件的养鸭场，最好将整个鸭滩用水泥砂石抹上，这样既坚固，又方便冲洗鸭粪。

水围又叫做"水上运动场"，是鸭子玩耍嬉戏、繁殖交尾、捕食鱼虾的场所。通常水围的面积应大于鸭滩。一般每100只鸭需要的水围面积为 $10 \sim 40$ 米^2，有条件的地方要尽可能围大一些。通常鸭舍和运动场是根据鸭子的分群而用围栏隔成一块一块的。围栏高度根据需要而定，鸭滩围栏高度为 $50 \sim 60$ 厘米，水上围栏高度应超过最高水位50厘米，深入水下1米以上。也可做成活动围栏，围栏高 $1.5 \sim 2$ 米，绑在固定的桩上，视水位高低灵活升降，保持水上50厘米，水下 $50 \sim 100$ 厘米。对用于育种或饲养试验的鸭舍，围栏应深入水底，以免串群。

（5）每间宽度和分隔小间 饲养时鸭群不宜过大，可将鸭群分到若干个小间饲养，分隔成的小间大小应视鸭舍每间的宽度而定。一般肉用仔鸭每群100只左右，7米跨度（1米走道），鸭舍用1间，每间约3.5米宽，分隔成每小间20米^2 的饲养面积；种鸭群每群30只，5米跨度（1米走道）的鸭舍用1间，每间约3.5米宽，分隔成每小间14米^2 的饲养面积。隔间可用网眼较小的铁丝网分隔，尽量少用尼龙网分隔，以免鸭头经常伸入网眼内被套住受损，严重时造成窒息。

（6）育雏舍和仔鸭舍结构 雏鸭在20日龄前要求舍内温暖干燥，所以育雏舍应保温性能好，空气流通而无贼风。每幢育雏舍以容纳1 000只雏鸭为宜，檐高2米，窗与地面比例为 $1 : 10 \sim 15$，舍内分为10个小间，每间的面积为20米^2，可容纳20日龄以内的雏鸭200只，20日龄后的仔鸭100只。舍内地面应比舍外高 $25 \sim 30$ 厘米。地面可用黏土铺平打实或用粗沙铺地压实，亦可用方砖铺地，使地面保持干燥。舍前设运动场，与水面的距离应在 $7 \sim 8$ 米，其中平地 $4 \sim 5$ 米，连接水面的斜坡长 $3 \sim 4$ 米，不宜过于倾斜。运动场的平坡区也可设置喂料区，用于外界气温较高、气候良好时雏鸭在外喂料饮水。在育雏早期应在舍内靠走道一侧设置水食槽，这样既便于饲喂，又可防止早期在室外饲喂不利于雏鸭的保温。当雏鸭饲养至 20 多日龄可脱温时，将雏鸭的饲养密度可减少一半，将生长较快的一半转到另一幢仔鸭舍，留下另一半在原育雏舍饲养。

（7）种鸭舍结构　种鸭舍每幢容量以不超过 400 只为宜，鸭舍檐高 2.5 米左右，窗与地面比例为 1：10 左右，气候温和地区鸭舍南边可以无墙，也不设窗户，应全敞开。舍内地面比舍外高 10～15 厘米，每平方米可养 3 只肉种鸭或 6 只蛋鸭。一般鸭场在鸭舍一角设产蛋区。鸭舍外有陆上运动场，场上应搭建遮阴棚，以供种鸭雨天活动和采食饮水之用，也可做夏天乘凉之用；同时须设置水上运动场，以供种鸭沐浴和交配之用。陆上运动场及水上运动场的宽度应略大于鸭舍宽度。

（8）人工孵化室结构　人工孵化室的大小应根据孵化用机具大小、数量而定。孵化室一般采用砖墙结构，四周用水泥墙、楼板平顶；采用人字顶结构的要增设天花板。前、后墙有窗，室檐高 3 米左右。室内既要能通风，又要保温，冬暖夏凉，地面铺有水泥，且有排水出口通室外，以利冲洗消毒。室内水、电必须 24 小时保证供应。

4. 合理的鸭舍建筑类型　鸭舍建筑应根据饲养鸭种的不同年龄、不同的饲养方式、不同饲养地的气候条件来建造，一般可有下面 3 种类型。

（1）简易鸭棚　在南方地区和长江流域，多建简易鸭棚用以饲养各种类型的鸭群。最常见的有南方的拱形鸭棚和长江流域的塑料大棚鸭舍，这两种鸭舍形状、结构相似。

鸭舍骨架用竹构建，高度以便于人的操作为宜，一般约 2 米，底宽 2～3 米，鸭舍长度根据饲养鸭数而定。棚顶采用芦席铺盖而成，其上再覆以油毛毡或塑料薄膜以防雨雪，长江流域也有再在上面盖上稻草等覆盖物，以便夏季防暑和冬季保温。夏季将四周撑起敞开，形成"凉亭"，四周用竹栅或网围起，这样可设门帘。棚内除养禽外，还供饲养人员食宿、堆放饲料及存放蛋。平时以竹栅将鸭群围在鸭棚外的朝南方向。这种鸭棚也可根据放牧禽群的需要而搬迁，主要用于仔鸭、后备种鸭及放牧蛋鸭的饲养。

（2）固定式群养种鸭舍　固定鸭舍按用途分为育雏鸭舍、育成鸭舍、填鸭舍和种鸭舍；按建筑式样分为单列式、双列式、密闭式、开放式、半开放式、平养鸭舍、网上饲养鸭舍、半网上饲养鸭舍等。其优点是：

①提高饲养密度，减少基建投资　商品鸭流程式群养，可根据各阶段的生长情况来确定饲养密度，这样能增加每平方米的饲养只数，既可提高劳动生产率和饲养效率，又可大大减少基建投资。

②利于进行饲养管理　由于操作方便，大大节省清洁卫生的时间，增加管理数量，每个饲养员可以饲养更多的肉鸭，比散养方式增加更多的饲养数量，提高工作效率。

③提高商品鸭的生长速度　工厂式商品鸭舍，可根据鸭各阶段的生理习性来调节饲养环境，这既可减少雏鸭的早期死亡，提高仔鸭的生长速度；又可以控制种鸭的生长状态，降低饲料消耗，提高生产效率，增加饲养效益。

④利于对整个生长过程的记录与观察　对各个阶段鸭进行精心地观察和记录，及时掌握各个阶段鸭的生产情况，发现问题，立即采取措施，保障整个生产过程的持续快速运转。

⑤减少传染病的发生和传播　工厂式商品鸭舍既可大群饲养，也可分小群饲养，这样可减少互相接触的机会，且饲料、饮水的供给都较规范，可加强防污设施，减少粪便的污染，有效地预防传染病的发生及传播。

以下是各种固定鸭舍的简单介绍，以供参考。

①育雏鸭舍　雏鸭的饲养方式可分为网上饲养和地面散养（平养）两种方式，不具备条件的鸭场，也可采用全部地面散养。

育雏鸭舍可分为网上饲养雏鸭舍和平养雏鸭舍。

　　雏鸭舍要求保温性能好，一般屋顶要有隔热层，墙壁要厚实，寒冷地区北窗要用双层玻璃窗，室内要安装加温设备，并有稳定的电源；采光要充分，通风良好，鸭舍地面面积与南窗面积的比例为8∶1左右，北窗为南窗的一半，南窗离地面高60～70厘米，并设气窗，便于调节室内空气，克服通风和保温的矛盾，北窗离地面高1米左右；地面要坚实、干燥，既防鼠害，又利排水，地面要铺水泥或三合土，还要向一边或中间倾斜，以利排水，窗上要装铁丝网，以防鼠害。

　　A.网上饲养雏鸭舍　　网上饲养雏鸭舍可采用有窗式双列单走廊雏鸭舍（图2-1），其跨度为8米。以平地或凹坑的房舍为基础，走廊设在中间，宽1米。走廊两侧至南北墙各设架空的金属网或漏缝的竹、木条地板作为鸭床，网眼或板条缝隙的宽度

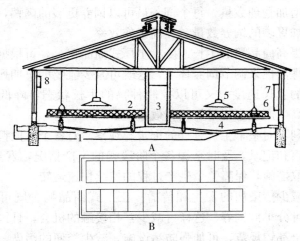

图2-1　有窗式双列单走廊网雏鸭舍

A.剖面图　B.平面图

1.排水沟　2.铁丝网　3.门　4.集粪池

5.保温灯　6.饮水器　7.南窗　8.北窗

（引自杜文兴《新型家庭养鸭》）

13毫米。地面必须是水泥地面，网架下的地面建一条V形水泥坡沟或有一定坡度，坡沟坡面为30°倾斜，雏鸭的排泄物可直接漏在V形坡沟内，用水稍冲刷即可清理，然后将其排入粪池内发酵。为了便于雏鸭舍内保暖，南北墙各设一排窗。雏鸭水槽用V形水槽，安在靠走廊近侧的网围栏上，有条件的地方使用饮水器更方便。每群鸭用一个方盘形铁制料盘。由于雏鸭全程都在网上饲养，舍外不必修建运动场，也不造水浴池。网养雏鸭舍比平养雏鸭舍卫生条件好，干燥，节约垫草和能源，保温性能、防鼠害能力、通风、光照条件都不错，但投资费用较大。

网养雏鸭舍可分高床和低床两种。高床的网底离地1.8米，见图2-2。低床网底离地0.7米左右。

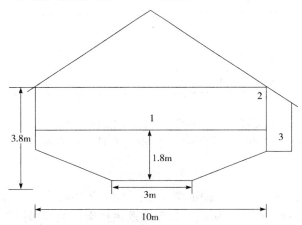

图2-2　单列式高床网养鸭舍
1. 底网　2. 边网　3. 通道
（引自杜文兴《新型家庭养鸭》）

B. 平养育雏舍　一般采用有窗式单列带走廊的育雏舍。这种鸭舍除育雏外，还适于北方饲养产蛋鸭和种鸭。鸭舍跨度8米，舍内隔成若干小区，一般在南墙设供温设施，北墙边设置宽1米的走廊。在东墙开门，供管理人员进出。鸭舍南侧墙开通向

运动场的门。鸭舍南、北墙设窗，每侧上下两排窗，下排窗除起
到通风降温作用外，还可供鸭群出入运动场。但下排窗须设铁丝
网罩以防兽害。靠走廊一侧建一条排水沟，沟上盖铁丝网，网上
放饮水器，使雏鸭饮水时溅出的水通过铁丝网漏到沟中，再排出
舍外。也可以在走廊一侧用水泥砌制水槽，水槽紧挨走廊，水槽
南侧设一个30厘米宽、20厘米深的水沟。走廊与雏鸭区用围栏
隔开，食槽设在围栏的中心。南侧墙外是运动场和水浴池。运动
场上要搭设遮阴凉棚（图2-3）。

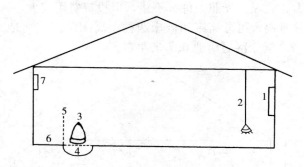

图2-3　平养育雏鸭舍内部结构（侧面）
1. 南窗　2. 保温伞　3. 饮水器　4. 排水沟　5. 栅栏
6. 走廊　7. 北窗
（引自杜文兴《新型家庭养鸭》）

②育成鸭舍　育成鸭阶段，生长快，生活力强，对温度要求
不像雏鸭那样严格。所以，只要能遮风挡雨，经常保持干燥，冬
季可保温，夏季通风凉爽的简易建筑，都能用来饲养育成鸭。一
般育成鸭舍也建成双列式单走廊鸭舍。鸭舍地面不用浇水泥，但
要有一定倾斜，在较低的一边挖一道排水沟，沟上覆盖铁丝网，
网上设置饮水器。这样屋内渗出的水和鸭子饮水时溅出的水都能
流入沟内，排出室外，以保持室内干燥。舍内的走廊设在中间，
走廊与鸭群之间用围栏隔离开来。食槽设在围栏中心位置
（图2-4）。

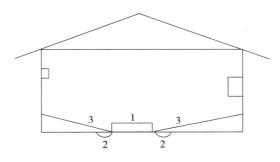

图 2-4　双列式育成鸭舍结构
1. 走廊　2. 排水沟　3. 鸭床（地面）
（引自杜文兴《新型家庭养鸭》）

③填鸭舍　填鸭舍的建筑要求与育成鸭舍相差不大，建筑设计也比较简单。地面大多用夯实的泥土，不必用水泥抹平，也要有一定倾斜，靠走廊一侧或倾斜坡低处，设置饮水装置。饮水装置可用水槽或饮水器，要使水槽和饮水器溢出的水能直接流入斜坡底部的排水沟。这些都与育成鸭舍相同，所不同的是填鸭舍要分隔成若干小圈，每圈面积为 12 米^2 左右，约可容纳 50 只填鸭，每圈设一扇小门，通向走廊。较长的鸭舍，把填饲间放在中间，把两端各舍的鸭子按次序赶到中间填饲。较短的鸭舍，可将填饲间放在任何一端。

④种鸭舍　目前，我国各地饲养种鸭大多还是采用平地散养方式，尚未广泛采用机械化、自动化作业。鸭舍分有窗式双列单走廊和有窗式单列单走廊两种。双列式鸭舍必须两边都有水浴。

种鸭舍与雏鸭舍一样，保温性能要求较高，房顶要有天花板或加隔热装置，北墙不能漏风，屋檐高 2.6～2.8 米，窗与地面面积的比例为 1∶8，南窗的面积可比北窗大 1 倍，南窗离地高 60～70 厘米，北窗离地高 1～1.2 米，并设气窗。为使夏季通风良好，北边可开设地脚窗，但不用玻璃，只安装铁条或铁丝网，以防兽害，寒冷季节用油布或塑料布封住，以防贼风。

　　舍内布置也与雏鸭舍基本相同。单列式鸭舍，走廊位于北墙边，排水沟紧靠走廊旁，上盖铁丝网或木条，饮水器置于铁丝网上，也可在铁丝网上方建水槽。南边靠墙一侧，地势略高，用来放置种鸭晚间产蛋用的产蛋箱（图2-5）。产蛋箱宽30厘米，长40厘米，用木板钉成，无底，前面较低（高12～15厘米），供鸭子进出，其他三面高35厘米，箱底垫木屑或切干净的垫草。每只箱子可供3只蛋用型种鸭或4只肉用型种鸭使用。我国东南沿海各省饲养蛋鸭，都不用产蛋箱，直接在鸭舍内靠墙壁的各侧，把干草垫高垫宽（40～50厘米），可供种鸭夜间产蛋之用。这种垫草必须保持干净，而且要高于舍内的地面。双列式种鸭舍，走廊设在种鸭舍中间，排水沟紧靠走廊两侧设置，在排水沟对面靠墙的一侧，地势要略高，放置产蛋箱或厚厚的一层干草，供种鸭夜间产蛋之用。

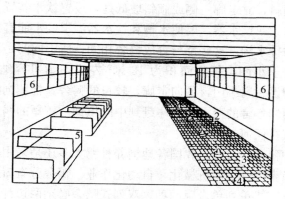

图2-5　单列式种鸭舍内景

1.门　2.走道　3.排水沟上的铁丝网

4.饮水器　5.产蛋箱　6.窗

（引自杜文兴《新型家庭养鸭》）

　　种鸭舍必须具备足够面积的鸭滩和水围，供种鸭活动、洗澡、交配之用（图2-6）。如果不具备水面条件，尤其是双列式种鸭舍，常常一边有河道（或湖泊、池塘），另一边是旱地，在这种条件下，需要挖一条人工的洗浴池，洗浴池的大小和深度根据鸭群种鸭的数量而定。

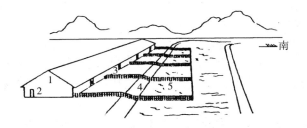

图 2-6　单列式种鸭舍外景

1. 鸭舍　2. 走廊门　3. 运动场门　4. 鸭滩　5. 水围

（引自杜文兴《新型家庭养鸭》）

　　一般洗浴池宽 2.5～3 米，深 0.5～0.8 米，用石块砌壁，水泥挂面，不能漏水。洗浴池挖在运动场的最低处，利于排水。洗浴池和下水道相连处，要修一个沉淀井，在排水时，可将泥沙、粪便等沉淀下来，免得堵塞排水道（图 2-7）。种鸭的运动场，如尚未种植遮阴的树木，应搭建凉棚，凉棚的面积与鸭舍面积相似，把在舍外饲喂的料槽放在凉棚下，以防饲料被雨水淋湿。

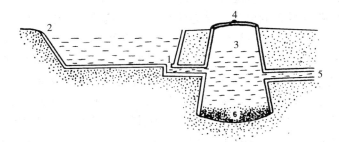

图 2-7　洗浴池排水系统的结构（纵剖面）

1. 洗浴池排水口　2. 池壁　3. 沉淀井

4. 井盖　5. 下水道　6. 沉淀物

（二）科学选择清洁化的养鸭用具

1. 鸭篮、鸭箩筐、软竹围和围栏（条）　主要是一些毛竹编制品，鸭篮是圆形。一般直径 70～80 厘米，边高 25～30 厘米，主要用来装运雏鸭，也可用来饲养小鸭，一篮蛋用雏鸭可装 25～40 只，肉用雏鸭可装 20～25 只。

鸭箩筐有大小两种，大筐直径 50～55 厘米，高 40～43 厘米，筐盖直径 60 厘米；小筐的直径比大筐略小，高 18～20 厘米。主要用来自温育雏，适用于小规模育雏；尤其对自繁自养的鸭场，苗鸭出雏时间的不一，带来育雏时间不一样时，此法更适合。大、小筐底铺垫草，筐壁四周用草纸或棉布保温。每层可盛初生雏鸭 10 只左右，以后随日龄增大而酌情减少。这种箩筐还可供出雏和嘌蛋用。

软竹围和围栏，呈长条形，可作围鸭用。育雏时，可用其将雏鸭围成若干小栏，每个小栏可容纳 100 只左右雏鸭，以后随日龄增长而扩大围栏面积。栏内铺上柔软且保温性好的垫草，篾上架以竹条，盖上覆盖物保温，是一种很好的自温育雏方法。

2. 喂料器和饮水器　应根据鸭的品种类型和不同日龄，配以大小和高度适当的喂料器和饮水器。饲喂雏鸭时，可用塑料布或竹席、草席代替。较大一点的青年鸭和种鸭可用无毒的塑料盆饲喂，以便于清洗、消毒。饲喂育成鸭可用专门的喂料器，可以满足育成鸭食量大的要求，又能防止饲料的浪费。饲喂种鸭，也可用自制的喂料箱，一般木制或铝合金，长度 1.5～2 米，这样就可以常备饲料，节省人工。鸭能采食均匀，特别是一些颗粒饲料。

鸭用饮水器形式多种多样，可以自制，如用塑料瓶、广口瓶改造，也可以购买一些商品化的饮水器，如钟式饮水器、吊塔饮水器等。总之，要求所用饮水器、喂料器适于鸭的平喙型采食、饮水特点，能使鸭头颈舒适地伸入料、水器内采食和饮水，但最好不要使鸭任意进入料、水器内。其形式和规格可因地而异。

3. 环境控制设备

（1）控温设备　无论是南方温暖的地区还是北方寒冷的地

区，无论是雏鸭还是种鸭，温度控制都是鸭舍环境控制中重要的一环。鸭舍的温度控制以加温为主，常用的设备有火坑（火道、烟道）、煤炉、电热育雏伞、红外线灯和热风炉等设备。

①火坑（火道、烟道）加温　其结构就像北方的土炕一样，家庭养殖或北方寒冷的地区适宜用这种加温方式。这种加温方式的优势是可以保持室内空气干燥，空气质量好，特别是在一些电力供应不稳定的地区，这种方法尤为适用。但其浪费空间，房舍的利用率比较低，不适于大型养殖场采用。

注意：育雏时，进雏前一天烧炕，使室内预热，达到需要的温度。

②煤炉加温　是农村最常用，最经济的加温方法之一。为了增加控温效果，可以在炉子外围加一个特制的保温伞，直径控制在1.5米左右，高1米，使煤炉释放的热量更多集中在伞下，提高利用效率。但这种加热方法要注意通风，要经常开启门窗，防止一氧化碳中毒。

③电热育雏伞　目前已有商品化产品，可以直接使用，可人为或自动控制温度，每只伞下可以育雏300~400只。其优点是节省劳动力，管理方便，空气好，育雏室清洁无污染，育雏效果好，但耗电较多，成本高，对于无电或供电不稳定的地方其使用会受到限制。另外，因其无剩余热度升高室温，故冬季需要煤炉辅助保温。

④红外线灯加温　其特点与电热育雏伞相似，值得注意的是5日龄以内的雏鸭，因感觉不灵敏，应将其围在灯泡周围，以免雏鸭远离热源。最好将雏鸭围在灯周围1.0~1.4米直径范围内。同样，红外线灯加温在寒冷的冬季，特别是育雏第一周也需要辅助加温设备。

⑤热风炉加温　是大规模育雏时常用的设备，可根据设备的说明进行操作。

（2）通风设备　鸭是水禽，对舍内通风要求没有鸡高，除了经常开启门窗进行自然通风外，还可以通过风扇或排风机进行鸭舍内的通风换气，以保证舍内的空气流动，寒冷的季节缓风有利于鸭舍内温差的调整，夏季有利于降温，保持空气清新。

（3）光照设备　在鸭的不同生长阶段都需要施以适宜的光照，才能保证其正常的生长发育，提高生产能力。光控可以用日常用白灯泡，也可以用专用的设备，如中国农业机械化研究院研制生产的 GD‑Ⅲ 型光控设备，可以实现自动化控制光照时间。具体操作可参考鸭不同阶段的光照时间和所用设备的说明进行。

4. 产蛋巢或产蛋箱　一般生产鸭场多采用开放式产蛋巢，即在鸭舍一角用围栏隔开，地上铺以垫草，让鸭自由进入产蛋箱。

5. 其他用具

（1）填饲机和孵化器。

（2）断喙器　雏鸭在育雏阶段常会出现啄癖（啄羽、啄肛），为此大规模养殖肉用雏鸭时要进行断喙。常用的断喙器有脚踏式和自动式两种。注意断喙时，刀片要加热到暗樱红色时进行。每断 2 000～3 000 只雏喙，应该更换一次刀片。

四、鹅舍建筑

鹅舍建筑类型应根据鹅的不同生理阶段、用途、生产目的等进行区分，以利科学管理和节约成本。

1. 育雏舍　一般为 28 日龄内雏鹅的饲养区。育雏舍要有良好的保温性能，且能保证舍内干燥、空气流通但不漏风。规模养殖应有供温设施。有较大的采光面积，一般窗户与地面面积比以 1：10～15 为好。鹅舍高度在 2 米以上，便于操作。鹅舍地面应比舍外高 20～30 厘米，做到清洁干燥。对育雏日龄较大的，还应有舍外活动场所和游水池。育雏舍的饲养面积以每舍或每栏（圈）80～100 只雏鹅为宜，规模养殖的舍生产单元饲养数以 1 000只为宜。随着养殖规模的扩大，育雏要求提高，已开始实施离地育雏和笼上育雏，这些方式育雏，对育雏舍的结构要求更高，但单位面积的饲养密度增加，如采用 4 层笼上育雏，其育雏舍的单位面积可比地面育雏减少 1/3 左右。

2. 肉鹅舍（育成舍）　育雏结束后鹅的羽毛开始生长，此时鹅对环境温度抵抗力增强，鹅舍的保温要求不高，在南方只要建简易的棚架或鹅舍就可以了。要求鹅舍能做到遮雨、挡风，北方地区还要注意防寒。鹅舍下部能适当封闭，防止敌害。上部敞开，增加通风量，夏季特别注意散热。南方鹅至 40 日龄后，可半露宿饲养，因此，鹅舍外应有水陆运动场，鹅舍与陆地运动场面积的比例在 1：2 以上。每舍或每栏鹅群可扩大到 200～300 只，舍内密度大型鹅 6～7 只/米²，中小型鹅 8～10 只/米²。

3. 育肥舍　育成期结束后，待上市的商品鹅经过一段时间育肥能增加、改善体重、肉质和屠宰性能。育肥舍要求环境安静，光线暗淡，通风良好。平养育肥密度为大型鹅种 3～4 只/米²，中小型鹅种 5～8 只/米²。育肥舍中栏圈单位应小些，一般以每群 20～50 只为宜，不应超过 100 只。为提高育肥效率或特殊需要育肥（如肥肝生产填肥），最好选择离地育肥。离地育肥应保证通风，饮水供应充分。肥肝生产还可实行单栏饲养。

4. 种鹅舍　种鹅舍建筑视地区气候而定。一般也有固定鹅舍和简易鹅舍之分。在南方还可以露天圈养（但须设室内产蛋窝）。种鹅舍要有较好的防寒散热性能，光线充足。一般舍檐高 1.8～2 米，采光面积与舍内地面面积比为 1：10～15。每平方米饲养密度大型种鹅 2～2.5 只，中小型种鹅 3～3.5 只，在南方，陆地运动场较大的，分别可增加到 4～5 只和 6～8 只。每群大小为 400～500 只。种鹅舍内应清洁、干燥，内有充足的产蛋箱（窝）。一般鹅棚、运动场、游水场地的比例为 1：2～2.5：1.5～3。游水场水深 80～100 厘米为宜，陆地至水面连接坡面的坡度以 25°～35°为宜。种鹅舍和运动场要有遮阴装置，在周围种植落叶树，夏季能搭葡萄、丝瓜等棚架，或在运动场上覆遮阴网，进行遮阴防暑。

5. 孵化舍（室）　人工孵化的，应根据人工孵化要求建筑，并根据饲养规模和发展计划设定孵化室规模。目前我国还有很多地方实行母鹅自然孵化，这就应设自然孵化舍。孵化舍要求环境安静，冬暖夏凉，空气流通。窗离地面高 1.5 米，舍内光线适当暗淡。一般每 100 只母鹅需孵化舍面积 12～20 米^2，舍内安放孵化窝（巢），窝在舍内一般沿墙平面排列安放，舍中安放的，各列间距为 30～40 厘米，便于孵鹅进出和操作人员走动。饲养规模稍大的，为节约孵化舍，可进行层叠孵化，用木架做 2～3 层，让母鹅在上孵化，但操作时必须人工捉放，防止母鹅自行跳跃引起种蛋破损和母鹅跌伤。

6. 鹅场布局　规模鹅场各类鹅舍间的布局要做到因地制宜，科学合理。以节约资金，提高土地利用率，便于生产管理和预防疫病传播。布局时要考虑各类鹅舍和粪便处理的顺序，合理利用风向和地势，达到分区、隔离、不交叉的目的，此外，还要考虑人员生活区对鹅场的影响。一般种鹅舍与自然孵化室相连，接下去是育雏室（要求在上风干燥处），育成、育肥舍相邻，育成结束后可直接迁至育肥舍。一定规模鹅场应设兽医室，鹅粪便清出后应集中堆放在下风处发酵（注意不得露天堆放）。鹅场门口建设消毒设施，饲料进出与粪道能分开。

五、鹅场设施

1. 育雏设备

（1）自温育雏用具　自温育雏是利用箩筐或竹围栏作挡风保温器材，依靠雏鹅自身发出的热量达到保温的目的。此法设备用具简单且经济，但管理费工，故只适用于小规模育雏。

①自温育雏箩筐　分两层套筐和单层竹筐两种。两层套筐由竹片编织而成的筐盖、小筐和大筐拼合而成。筐盖直径 60 厘米，高 20 厘米，作保温和喂料用。大筐直径 50～55 厘米，高 40～43 厘米，小筐的直径比大筐略小，高 18～20 厘米，套在大筐之内作为上层。大小筐底铺垫草，筐壁四周用草纸或棉布保温。每

层可盛初生雏鹅 10 只左右，以后随日龄增大而酌情减少。这种箩筐还可供出雏和嘌蛋用。另一种是单层竹筐，筐底和周围用垫草保温，上覆筐盖或其他保温物。筐内育雏，喂料前后提取雏鹅出入和清洁工作等十分繁琐。浙东地区小规模育雏用稻草编织的鹅篓一般直径 60～80 厘米，篓高 50 厘米，内覆布毯，其保温防湿性能很好，用后在阳光下曝晒后可作下次用。

②自温育雏栏 在育雏舍内用 50 厘米高的竹编成的篾围，围成可以挡风的若干小栏，每个小栏可容纳 100 只雏鹅以上，以后随日龄增长而扩大围栏面积。栏内铺上垫草，篾上架以竹条，盖上覆盖物保温，此法比在筐内育雏管理方便。

（2）给温育雏设备 给温育雏设备多采用地下炕道、电热育雏伞或红外线灯等给温。优点是适用于寒冷季节大规模育雏，可提高管理效率。

炕道育雏分地上炕道式与地下炕道式两种。由炉灶与火炕组成，均用砖砌，大小长短数量须视育雏舍大小而定。地下炕道较地上炕道在饲养管理上方便，故多采用。炕道育雏靠近炉灶一端温度较高，远端温度较低，育雏时视日龄大小适当分栏安排，使日龄小的靠近炉灶端。炕道育雏设备造价较高，热源要专人管理，燃料消耗较多。

用煤饼或煤球炉育温有成本低、操作简便的优势。就是用高 50～60 厘米的小型油桶去上下盖，在下端 30 厘米处安装炉栅和炉门，上烧煤饼（球），再盖上盖，盖上接散热管道。一般一次能用 1 天，每个炉可保温 20 米² 左右（视气温和保温要求定）。但使用时，一定要保证炉盖的密封和散热管道的畅通，并接至室外，否则会造成煤气中毒。

电热育雏伞是用铁皮或纤维板制成伞状，伞内四壁安装电热丝作热源。有市售的，也可自制。一个铁皮罩，中央装上供热的电热丝和 2 个自动控制温度的胀缩饼装置，悬吊在距育雏地面 50～80 厘米高度，伞的四周可用 20 厘米高的围栏围起来，每个育雏伞下，可育雏 200～300 只，管理方便，节省人力，易保持舍内清洁。

红外线灯给温是采用市售的 250 瓦红外线灯泡，悬吊在距育雏地面 50～80 厘米高度处，每 2 米² 面积挂 1 个，不仅可以取暖，还可杀菌，效果良好。

2. 喂料器和饮水器　应根据鹅的品种和日龄的不同，配以大小和高度适当的喂料器和饮水器。要求所用喂料器和饮水器适合鹅的平喙型采食、饮水特点，能使鹅头颈舒适地伸入器内采食和饮水，但最好不要使鹅任意进入料、水器内，以免弄脏。其规格和形式可因地而异，既可购置专用料、水器，也可自行制作，还可以用木盆或瓦盆代用，周围用竹条编织构成。

鹅 40 日龄以上饲料盆和饮水盆可不用竹围，盆直径 45 厘米，盆高 12 厘米，盆面离地 15～20 厘米。

种鹅所用的饲料器多为木制或塑料，圆形如盆，直径 55～60 厘米，盆高 15～20 厘米，盆边离地高 28～38 厘米。也可用瓦盆或水泥饲槽，水泥饲槽长 120 厘米，上宽 43 厘米，底宽 35 厘米，槽高 8 厘米。

育肥鹅用木制饲槽，上宽 30 厘米，底宽 24 厘米，长 50 厘米，高 23 厘米。

3. 软竹围和围栏　软竹围可圈围 1 月龄以下的雏鹅，竹围高 40～60 厘米，圈围时可用竹夹子夹紧固定。1 月龄以上的中鹅改用围栏，围栏高 60 厘米，竹条间距离 2.5 厘米，长度依需要而定。

4. 产蛋巢或产蛋箱　一般生产鹅场多采用开放式产蛋巢，即在鹅舍一角用围栏隔开，地上铺以垫草，让鹅自由进入产蛋，也可制作多个产蛋窝或箱，供鹅选择产蛋。

良种繁殖场如作母鹅个体产蛋记录，可采用自动关闭产蛋箱。箱高 50～70 厘米，宽 50 厘米，深 70 厘米。箱放在地上，箱底不必钉板，箱前开以活动自闭小门，让母鹅自由入箱产蛋，箱上面安装盖板，母鹅进入产蛋箱后不能自由离开，须集蛋者在记录后，再将母鹅捉出或打开门放开鹅。

5. 孵蛋巢（筐）　我国有些鹅就巢性很强，每产完一窝蛋就自己就巢孵化，有些农户至今仍采用这种自然孵化方式。各地用的鹅孵蛋巢规格不相一致，原则是鹅能把身下的蛋都搂在腹下即可。目前常见的孵蛋箱有两种规格：一为高型孵巢，上径 40～43 厘米，下径 20～25 厘米，高 40 厘米，适用于中小型品种鹅；另一种为低型孵巢，上下径均为 50～55 厘米，高 30～35 厘米，适用于大型鹅。一般每 100 只母鹅应备有 25～30 只孵巢。孵巢内围和底部用稻草或麦秸等柔软保温物作垫物。在孵化舍内将若干个孵巢连接排列一起，用砖和木板或竹条垫高，离地面约 7～10 厘米，并加以固定，防止翻倒。为管理方便，每个孵巢之间可用竹片编成的隔围隔开，使抱巢母鹅不互相干扰打架。孵巢排列方式视孵化舍的形式大小而定，力求充分利用，操作方便。

设计和建造巢箱或巢筐时必须注意以下几点：一是用材省、造价低；二是便于打扫、清洗和消毒；三是结构坚固耐用；四是大小适中；五是能和鹅舍的建筑协调起来，充分利用鹅舍面积来安排巢和箱；六是必须方便日常操作；七是母鹅在里面孵化能感到舒适；八是能减少母鹅间的相互侵扰；九是有利于充分发挥种鹅的生产性能。

6. 运输笼　用作育肥鹅的运输，铁笼或竹笼均可，每只笼可容 8～10 只，笼顶开一小盖，盖的直径为 35 厘米，笼的直径为 75 厘米，高 40 厘米。

7. 其他设备及用具　除上述介绍的养鹅设备及用具外，还有其他孵化设备（包括传统孵化设备和机械孵化设备）、填饲机具（包括手动填饲机和电动填饲机）、饲草收割设备、饲料加工机械以及屠宰加工设备等。特别一提的是，鹅场应有青绿饲料切碎设施，因为青绿饲料打浆会影响适口性。

第三章 水禽孵化

第一节 孵化场的建筑与设备

一、场址选择

孵化场是最容易被污染又最怕污染的地方。孵化场一经建立，就很难变动，尤其是大型孵化场。所以选址必须慎重，以免造成不必要的经济损失。孵化场应是一个独立的隔离场所，须远离交通干线（500 米以上）、居民点（不少于 1 000 米）和粉尘较大的工矿区。大型的孵化场应是现代建筑物，它包括种蛋贮存室、孵化室、出雏室、苗禽分级存放室以及日常管理所必需的房室。大型孵化场则应以孵化室和出雏室为中心。根据流程要求及服务项目来确定孵化场的布局，安排其他各室的位置和面积，既能减少运输距离和人员在各室的往来，又能有利于防疫工作和提高建筑物的利用率。

二、总体布局

孵化室必须保持适宜的温度和良好的通气条件。孵化室要高，天花板离地面 3.4～3.8 米，孵化器上部要有 1.2～1.5 米空间。窗户要小而高，采光系数以 1：15～20 为宜，日光不能直接照射到孵化器，以免影响孵化温度。孵化室与出雏室之间应设缓冲间，不但便于孵化操作，而且有利于卫生防疫。地面用混凝土浇筑，表面要光滑、平整，以利于种蛋运输和地面冲洗消毒。地下设排水沟，并用铁栅盖好。下水管道口径和坡度要稍大些，以利于用水冲洗碎蛋壳和其他污物。供水管道安装在地下，水温较低，可供给孵化器需要的冷却水。

小型孵化厂可按"种蛋—苗禽"的流程进行建造；大型孵化场应以孵化室、出雏室为中心，采取 T 形布局安排其他各室的位置，做到人员、种蛋、苗禽的单向流动，见图 3-1。

洗澡更衣室	休息室	卫生间	孵化间	控制室	苗禽分级鉴别室	苗禽待运室
	走廊					
种蛋接受室	熏蒸消毒室	种蛋冷藏室		缓冲照蛋室	出雏室	污物处理室

图 3-1　大型孵化场布局图

（一）孵化场的建筑及通风换气系统

1. 孵化场的建筑

（1）孵化场的规模　根据孵化场的服务对象及范围，确定孵化场规模。建孵化场前应认真做好社会调查（如种蛋来源及数量，苗禽需求量等），弄清苗禽销售量，以此来确定孵化批次、孵化间隔、每批孵化量。在此基础上确定孵化室、出雏室及其他各室的面积。孵化室和出雏室面积还应根据孵化器类型、尺寸、台数和留有足够的操作面积来确定。

（2）土建要求　孵化场的墙壁、地面和天花板，应选用防火、防潮和便于冲洗、消毒的材料；孵化场各室（尤其是孵化室和出雏室）最好为无柱结构，若有柱则应考虑孵化器安装位置，以不影响孵化器布局及操作管理为原则。门高 2.4 米左右、宽 1.2～1.5 米，以利种蛋等的输送；而且门要密封，以推拉门为宜。天花板的材料最好是防水的压制木板或金属板。孵化室与出雏室之间应设缓冲间，既便于孵化操作（作移盘室），又利于卫生防疫。地面平整光滑，以利于种蛋输送和冲洗；设下水道，坡度要稍大，这样有助于碎蛋壳和其他污物的流泻，而不会沉积于下水道。屋顶应铺保温材料，这样天花板不致出现凝水现象。

2. 孵化场的通风换气系统　孵化场通风换气的目的是供给氧气、排除废气（主要是二氧化碳）和驱散余热，通风换气系统不仅须考虑进气问题，还应重视废气排出和调节温度等问题。最好各室单独通风，将废气排出室外，至少孵化室与出雏室两单元应各有一套单独通风系统。有条件的单位，可采用正压过滤通风系统。出雏室的废气，应先通过加有消毒剂的水箱过滤后再排出室外，否则带有绒毛的污浊空气还会进入孵化场，污染空气；采用过滤措施可大大降低空气中的细菌数量，提高孵化率和苗禽质量。如采用负压通风，最好用管道式，这样空气均匀。为了使通风良好，天花板须距离孵化器顶部 1.2～1.5 米。孵化场各室的温、湿度及通风换气等技术参数见表 3-1。移盘室介于孵化室和出雏室交界处，应采用正压通风，其他走道也以采用正压通风为好，而洗涤室则以负压通风为宜。

表 3-1　孵化场各室空气的技术参数

室　　别	温度（℃）	相对湿度（%）	通　　风
孵化室、出雏室	24～26	70～75	最好用机械排风
苗禽处置室	22～25	60	有机械通风设备
种蛋处置兼预热室	18～24	50～65	人感到舒适
种蛋储存室	7.5～18	70～80	无特殊要求
种蛋消毒室	24～26	75～80	有强力排风扇
雌雄鉴别室	22～25	55～60	人感到舒适

（二）孵化场的卫生

1. 工作人员的卫生要求　孵化场工作人员进场前，必须经过淋浴更衣，每人一个更衣柜，并定期消毒。运种蛋和接雏人员不得进入孵化场，更不许进入孵化室。孵化场仅设内部办公室供本场工作人员使用，对外办公室和供销部门，应设在隔离区之外。

2. 两批出雏间隔期间的消毒　孵化场易成为疾病的传播场所，所以应进行彻底消毒。洗涤室和出雏室是孵化场受污染最严重的地方，清洗消毒丝毫不能放松。在每批孵化结束之后，立刻对设备、用具和房间进行冲洗消毒。

（1）孵化器及孵化室的清洁消毒步骤　取出孵化盘及增湿水盘，先用水冲洗，再用新洁尔灭对孵化器内外消毒。用高压水冲刷孵化室地面，然后用熏蒸法消毒孵化器，每立方米用福尔马林 42 毫升、高锰酸钾 21 克，在温度 24℃、湿度 75％以上的条件下，密闭熏蒸 1 小时，然后打开进出气孔通风 1 小时左右，驱除甲醛蒸气。孵化室用福尔马林 14 毫升、高锰酸钾 7 克，密封熏蒸 1 小时。

（2）出雏器及出雏室的清洁步骤　取出出雏盘，将死胚蛋（毛蛋）、死弱雏及蛋壳装入塑料袋中，将出雏盘送洗涤室浸在消毒液中消毒；清除出雏室地面、墙壁、天花板上的废物，冲刷出雏器内外表面后，用新洁尔灭溶液擦洗，然后每立方米用 42 毫升福尔马林和 21 克高锰酸钾，熏蒸消毒出雏器和出雏盘；用浓度为 0.3％的过氧乙酸（每立方米用量 30 毫升）喷洒出雏室的地面、墙壁和天花板。

（3）洗涤室和苗禽存放室的清洁　洗涤室是最大的污染源，应特别注意清洗消毒。将废弃物（绒毛、蛋壳等）装入塑料袋；冲刷地面、墙壁和天花板；洗涤室每立方米用 42 毫升福尔马林和 21 克高锰酸钾熏蒸消毒 30 分钟。苗禽存放室也经冲洗后用过氧乙酸喷洒消毒（或甲醛熏蒸消毒）。

3. 定期作微生物学检查　定期对残雏、死雏等进行微生物检查，以此指导种禽场防疫工作。在每批出雏完毕后，从绒毛、残雏、死雏和死胎雏中取样，作微生物学检查，以确定是否有致病微生物存在，在冲洗消毒后，还应取空气及附着物进行微生物学检查，以了解冲洗消毒效果。

4. 废弃物处理　收集的废弃物装入密封的容器内才可以通

过各室，并按"种蛋—苗禽"流程不可逆转原则运送，然后及时经洗涤室（或苗禽处置室）的"废弃物出口"用卡车送至远离孵化场的垃圾场。孵化场附近不设垃圾场。

三、孵化设备

孵化场为完成从种蛋运入、处置、孵化至出雏（分级、鉴别、预防接种）等项工作，需要各种配套设备。由于孵化场的规模、孵化器类型及服务项目各异，设备的种类和数量也不尽相同。下面主要介绍一些常用设备。

1. 孵化器的选择　孵化器类型繁多，规格各异，自动化程度也不同。孵化器质量要求是：温差小，孵化效果好，安全可靠，便于操作管理；故障少，且容易排除；价格便宜，美观实用。为了提高孵化器的利用率和保障安全可靠地运转，还应注意两个问题：一是根据孵化场的规模及发展，决定孵化器类型和数量以及孵化、出雏的配套比例（即入孵器和出雏器的数量）；二是根据本单位技术力量（尤其是电工素质），选择孵化器类型。

2. 水处理设备　孵化场用水量较多，而且有些设备对水的质量要求较高，必须对水质进行处理。经常间断性停电或水中杂质（主要是泥沙）较多的地区，应有滤水装置。在北方很多地区，水中含无机盐较多，如果使用有自动喷湿和自动冷却系统的孵化器必须配备水软化设备以免喷嘴堵塞或冷排管道堵塞或供水阀门关闭不严而漏水。目前国内尚无孵化场专用的水软化设备，可选民用或工矿企业用的产品代替。水中矿物质含量和微生物含量高时，应加氯处理消毒，以保证孵化场用水有适宜的含氯量，水中加氯还可减少铁的氧化，从而减少水管和阀门的锈蚀，避免喷嘴堵塞。

3. 运输设备　孵化场应配备一些平板四轮或两轮手推车，运送蛋箱、雏盒、蛋箱及种蛋。还可用滚轴式或皮带轮式的输送机，用于卸下种蛋和苗禽装车。苗禽出场时可用带有空调的运雏车（温度保持18℃左右）给用户送去。

4. 冲洗消毒设备　一般采用高压水枪清洗地面、墙壁及设备。目前有多种型号的国产冲洗设备。例如，喷射式清洗机很适于孵化场的冲洗作业。它可转换成3种不同压力的水柱："硬雾"用于冲洗地面、墙壁、出雏盘和架车式蛋盘车、出雏车及其他车辆；"中雾"用于冲洗孵化器外壳、出雏盘和孵化蛋盘；"软雾"冲洗入孵器和出雏器内部。有条件的孵化场可选用 EIMX‑J25 型灭菌消毒系统。该系统采用现代电子技术，集次氯酸钠消毒原液的生产、稀释和喷洒（雾）等多功能于一体。可用于孵化场的消毒。它是由次氯酸钠发生装置、稀释桶喷洒（雾）装置、增压泵、管道系统和小推车等部分组成。次氯酸钠消毒液用食盐和水做原料，现配现用，操作简便，成本低廉。最大喷洒射程达6米。外形长为890毫米，宽为700毫米，高为674毫米。

5. 发电设备　孵化场还须自备发电设备，以备停电时启用。

6. 其他设备

（1）孵化蛋盘架　用于运送码盘后的种蛋入孵、移盘时装有胚蛋的孵化盘运至出雏室。它用圆铁管做架，其两侧焊有若干角铁滑道，四脚安有活络轮。其优点是占地面积小，劳动效率高。仅适合固定式转蛋架的入孵器使用。

（2）照蛋灯　用于孵化时照蛋。采用镀锌铁皮制罩，尾部安灯泡，前面有反光罩（用手电筒的反光罩），前为照蛋孔，孔边缘套塑料管，还可缩小尺寸，并配上 12～36 伏的电源变压器，使用更方便、安全。

（3）连续注射器　用于接种马立克氏病疫苗。

第二节　孵化条件及技术

孵化分为天然孵化和人工孵化两种。天然孵化是利用母禽的就巢性来孵化鸭蛋，孵化量小，远远不能适应商品生产的需要。

为了能大量繁殖后代，我国劳动人民模仿天然孵化的原理，最早发明了人工孵化法。人工孵化法即人为地为胚胎发育提供适宜的孵化条件，满足胚胎发育的需要，大大提高了孵化量。随着我国水禽业的规模化生产，机器孵化在水禽生产中起着十分重要的作用。

一、孵化条件

（一）温度

温度是孵化最重要的孵化条件。只有适宜的孵化温度才能保证种蛋中各种酶的活动，从而保证胚胎正常的物质代谢。鸭、鹅蛋比鸡蛋大，以单位重量计算，蛋壳表面积相对比鸡蛋小，而且蛋壳和壳膜较厚。蛋黄中脂肪含量高于鸡蛋，孵化后半期由于脂肪代谢增强，必须向外排出大量的体热，以维持正常的物质代谢。因此，在鸭、鹅蛋孵化的中、后期孵化温度应比鸡蛋低0.5℃左右，而且在孵化后期应采取凉蛋措施。

胚胎适宜的温度范围为37～38℃。温度过高过低都会影响胚胎的正常发育，严重时会造成胚胎的死亡。温度偏高时，胚胎发育加快，孵化期缩短，超过42℃2～3小时就会造成胚胎的死亡。相反，温度偏低时，胚胎发育迟缓，孵化期延长。因此，在孵化过程中，可根据孵化场的具体情况和季节、品种以及孵化机的性能，制订出合理的施温方案。立体孵化器一般采用以下两种施温方案：

1. 恒温孵化　这是分批入孵的施温方案，以满足不同胚龄种蛋的需要。通常孵化器内有3～4批种蛋。室温过高时，整批孵化在孵化中后期代谢热大大过剩，分批入孵就可以充分利用代谢热作为热源，既可减少"自温"超温，又可节约能源。恒温孵化时，新老蛋的位置一定要交错放置，老蛋多余的热量被新蛋吸收，解决了在同一温度下新蛋温度偏低、老蛋温度偏高的矛盾，从而提高了孵化率。通常机内温度控制在37.8℃。如果室温较高，可适当降低孵化温度，但应注意，在孵化过程中，应随时检查机内的温度是否均匀，孵化机内上下、前后、左右的温差一般不超过 0.1~0.2℃，温差可通过调整进出气孔等方式得到解决。如果温差较大时，也应注意定时调盘，减少温差对孵化率的影响。

2. 变温孵化　又叫整批孵化，适用于种蛋来源充足情况下所采用的孵化方法。由于鸭蛋大，脂肪含量高。孵化 13 天后，代谢热上升较快，如不改变孵化机的温度，会造成孵化机内局部超温而引起胚蛋的死亡。孵化的第 1 天温度为 39~39.5℃，第 2 天为 38.5~39℃，第 3 天为 38~38.5℃，第 4~20 天为 37.8℃，第 21~25 天为 37.5~37.6℃，第 26~28 天为 37.2~37.3℃。但第 21 天以后多数转入摊床孵化。变温孵化时，应尽量减少机内的温差，温度的调整应做到快速准确，特别是孵化的头三天。

变温孵化鹅，一般采用多个孵化机组合配套，采用全进全出制，分阶段设置不同环境进行孵化。可将整个孵化期分 3 或 4 个阶段。如果分为 3 个阶段，则分别为 1~14 天、15~28 天、29~31 天。温度分别为 38℃、37.5℃、36.5℃。如果分为 4 个阶段，则分别为 1~9 天、10~18 天、19~28 天、29~31 天。温度分别为 38℃、37℃、37℃、36.5℃。后者适合有一定规模的孵化场，前三个时期在不同的孵化机内，设置不同的温度和湿度进行孵化，29~31 天在出雏机内进行。这需要 2~3 台孵化机和 1 台出雏机。

（二）湿度

孵化过程中，蛋内水分不断蒸发，水分蒸发过快过慢都会影响胚胎发育，影响孵化率和雏禽苗质量。立体孵化器具有风扇装置，空气流动速度快，加上蛋内脂肪含量高，含水量低，代谢热高，蛋内水分容易蒸发。湿度过低蛋内水分蒸发较快，胚胎易与壳膜粘连，影响正常出壳。

湿度变化总的原则是"两头高，中间低"。孵化初期，胚胎产生羊水和尿囊液，并从空气中吸收一些水蒸气，相对湿度控制在70%左右。孵化中期，胚胎要排出羊水和尿囊液，相对湿度控制在60%为宜。孵化后期，为使有适当的水分与空气中的二氧化碳作用产生碳酸，使蛋壳中的碳酸钙转变为碳酸氢钙而变脆，有利于胚胎破壳而出，并防止雏鸭绒毛粘壳，相对湿度控制在65%～70%为宜。在鸭蛋孵化后期如果湿度不够，可直接在蛋壳表面喷洒温水，以增加湿度。

（三）通风

胚胎对氧气的需要随胚龄的增加成正相关增加。孵化初期胚胎的物质代谢处于初级阶段，氧气需要量较少，胚胎通过卵黄囊血液循环利用蛋黄中的氧气。孵化中期胚胎的代谢作用加强，氧气需要量增加。尿囊形成后，通过气室气孔利用空气中的氧气，排出二氧化碳。孵化后期胚胎的呼吸转为肺呼吸，每昼夜氧气需要量为孵化初期的110倍以上。

通风、温度和湿度之间有着密切的关系，如果机内空气流通量大，通风良好，散热快，则湿度较小，反之湿度就大，余热增加。通风量过大，机内温度和湿度难以保持。因此，这三者之间应互相协调，在控制好温度、湿度的前提下，调整好通风量。一般孵化机内风扇的转速为150～250转/分，每小时通风量以1.8～2米³为宜。同时，还应根据孵化季节、种蛋胚龄大小，调节进出气孔，以保持孵化机内空气新鲜，温度、湿度适宜。

（四）翻蛋

实践证明，在孵化过程中进行翻蛋，特别是孵化的前、中期具有十分重要的意义。胚胎密度小，浮在蛋黄表面，长期不动易与壳膜粘连，影响胚胎发育。翻蛋可促进胚胎运动，保持胎位正常。同时也能扩大卵黄囊血管与蛋黄、蛋白的接触面积，有利于胚胎营养物质的吸收。翻蛋经常改变蛋的相对位置，使机内不同部位的胚蛋受热与通风更加均匀，有利于胚胎的生长发育。

立体孵化机具有翻蛋装置，翻蛋不会影响孵化机的正常温度。以勤翻为宜，翻蛋的角度应达到 90°。大型肉鸭种蛋的孵化除每 2 小时翻蛋一次外，每天早晚结合凉蛋增加一次手工翻蛋，角度为 180°，有利于提高孵化率。翻蛋在前期、中期对孵化率的影响较大，到孵化后期特别是在出壳的前几天，可不再翻蛋，因胚胎全身已覆盖绒毛，不翻蛋不致引起胚胎与壳膜粘连。

（五）凉蛋

胚胎发育到中期以后，由于脂肪代谢能力增强而产生大量的生理热。因此，定时凉蛋有助于胚胎的散热，促进气体代谢，提高血液循环系统的机能，增加胚胎体温调节的能力，有利于提高孵化率和雏鸭质量。胚胎发育到中期以后，凉蛋有利于生理热的散发，可防止胚蛋超温，对提高孵化率有良好的作用。这点对大型肉鸭种蛋的孵化更为重要。因此，种蛋在孵化 14 天以后就应开始凉蛋，每天凉蛋两次，每次凉蛋 20～30 分钟，但每次凉蛋的时间不能超过 40 分钟。一般用眼皮试温，感觉既不发烫又不发凉即可放到孵化机内。夏天外界的气温较高，只采用通风凉蛋不能解决问题，可将 25～30℃的水喷洒在蛋面上，表面见有露珠即可，以达到降温目的，如果喷一次水不能解决问题，可喷 2 次，以缩短凉蛋的时间。凉蛋时间不能太长，否则易使胚蛋长期处于低温，影响胚胎的生长发育，必须根据具体情况，灵活应用。

（六）影响孵化效果的其他因素

影响种蛋孵化的因素除孵化条件、种蛋品质外，还包括种鸭（鹅）的影响。主要包括以下几方面：

1. 遗传因素　种鸭（鹅）的遗传结构与孵化率有关。不同的品种（系）、不同家系的孵化率也有差异。轻型品种（系）的孵化率较重型品种（系）为高，近交时孵化率下降，杂交时可提高孵化率。

2. 种鸭（鹅）的营养　种鸭日粮的营养水平、健康状况和管理措施均会直接或间接地影响种蛋品质，从而影响种蛋的孵化率。饲料中维生素 A、维生素 D、维生素 E、维生素 B_2、维生素 B_{12}、泛酸、生物素、亚油酸及钙、磷、锌、锰等矿物质缺乏时影响孵化率，必须供给营养充分的全价日粮。

3. 种鸭（鹅）的健康状况　只有健康状况良好的种鸭（鹅）所产的蛋，才能获得较高的孵化率。如果种鸭（鹅）感染大肠杆菌病，在孵化过程中胚胎的死亡数明显增多，孵化率急剧下降。

4. 种鸭（鹅）的年龄　种鸭（鹅）第一个产蛋期蛋的孵化率最高；初产期间蛋的孵化率较低，但在产蛋高峰期间其孵化率最高；产蛋率与孵化率成正相关。以后随着产蛋周龄的增长孵化率逐步下降。

5. 种鸭（鹅）的管理水平　种鸭（鹅）饲养管理水平的好坏与孵化率也有密切的关系。种蛋受到严重污染、禽舍温度过高、垫料潮湿、种蛋收集不及时、卫生条件较差等，也影响孵化率。

二、孵化技术

（一）种蛋的管理

1. 种蛋的收集　种蛋的收集应随不同的饲养方式而采取相应的措施。在放牧饲养条件下，因不设产蛋箱，蛋产在垫料或地面上，种蛋的及时收集显得十分重要。初产母鸭的产蛋时间集中在后半夜 1～6 时，随着产蛋日龄的延长，产蛋时间往后推迟，产蛋后期的母鸭多数也在上午 10 时以前基本产完蛋。蛋产出后及时收集，既可减少种蛋的破损，也可减少种蛋受污染的程度，这是保持较好的种蛋品质，提高种蛋合格率和孵化率的重要措施。放牧饲养的种鸭可在产完蛋后才赶出去放牧。

舍饲饲养的种鸭可在舍内设置产蛋箱，随时保持舍内垫料的干燥，特别是产蛋箱内的垫草应保持新鲜、干燥、松软；刚开产的母鸭可通过人为的训练让其在产蛋箱内产；同时应增加捡蛋的次数，减少种蛋的破损。当气温低于 0℃ 以下时，如果种蛋不及时收集，时间过长种蛋受冻；气温炎热时，种蛋易受热。环境温度过高、过低，都会影响胚胎的正常生长发育。

2. 种蛋的选择　种蛋的品质对孵化率和雏鸭的质量均有很大的影响，也是孵化场经营成败的关键之一，而且对雏鸭及成鸭的成活率都有较大的影响。种蛋的品质好，胚胎的生活力强，供给胚胎发育的各种营养物质丰富。因此，必须根据种蛋的要求，进行严格的选择。常见的有以下几种选择方法：

（1）感官法　是孵化场在选择种蛋时常用的方法之一。通过看、摸、听、嗅等人为感官来鉴别种蛋的质量，可作粗略判别，其鉴别速度较快。

眼看：观察蛋的外观、蛋壳结构、蛋形是否正常、大小是否适中、表面清洁情况如何等。

手摸：触摸蛋壳的光滑或粗糙等，手感蛋的轻重。

耳听：用两手各拿 3 个蛋，转动 5 指使蛋互相轻轻碰撞，听其声音。完好无损的蛋其声音脆，有裂纹、破损的蛋可听到破裂声。

鼻嗅：嗅蛋的气味是否正常，有无特殊气味等。

（2）透视法　利用太阳光或照蛋器，通过光线检查蛋壳、气室、蛋黄、蛋白、血斑、肉斑等情况，对种蛋作综合鉴定，这是一种准确而简便的方法。如发现气室较大、系带松弛、蛋黄膜破裂、蛋壳有裂纹等，均不能作种蛋使用。

3. 种蛋的消毒　蛋产出后，蛋壳表面很快就被粪便、垫料污染了病原微生物，而且繁殖速度很快。据研究，刚产出的蛋蛋壳表面细菌数为 100～300 个，15 分钟后为 500～600 个，一小时后达到 4 000～5 000 个，而且蛋壳表面的某些细菌会通过气孔侵入蛋内，影响孵化率。因此，蛋产出后，除及时收集种蛋外，应立即进行消毒处理，以杀灭蛋壳表面附着的病原微生物。

（1）福尔马林熏蒸消毒法　这种方法需一个密封良好的消毒柜，每立方米的空间用 30 毫升 40% 的甲醛溶液、15 克高锰酸钾，熏蒸 20～30 分钟，熏蒸时关闭门窗，室内温度保持在 25～27℃，相对湿度为 75%～80%，消毒效果较好。如果温度、湿度低则消毒效果差。熏蒸后迅速打开门窗、通风孔，将气体排出。消毒时产生的气体具有刺激性，应注意防护，避免接触人的皮肤或吸入。

（2）新洁尔灭消毒法　将种蛋排列在蛋架上，用喷雾器将 1/1 000 的新洁尔灭溶液喷雾在蛋的表面。消毒液的配制方法：取浓度为 5% 的原液一份，加 50 倍水，混合均匀即可配制成 1/1 000 的溶液。注意在使用新洁尔灭溶液消毒时，切勿与肥皂、碘、高锰酸钾和碱并用，以免药液失效。

（3）氯消毒法　将种蛋侵入含有活性氯 1.5% 的漂白粉溶液中 3 分钟，取出尽快晾干后装盘。

4. 种蛋的保存　蛋产出后尽管贮存时间较短，也不可能立即入孵。因此，种蛋在入孵前要经过短时间的贮存。即使种蛋来源于优秀的种鸭群，又经过严格的挑选，品质优良的种蛋，如果保存条件较差，保存方法不当，对孵化效果也有不良影响。尤其在冬、夏两季更为突出。因此，应提供适宜的保存条件。

（1）种蛋贮存室的要求　大型的孵化场应有专门的保存种蛋的蛋库。贮存室要求隔热性能良好、无窗式的密闭房间。此外，贮存室内还应配备恒温控制的采暖设备以及制冷设备，配备湿度自动控制器。种蛋贮存室与鸭舍之间的距离越远越好，同时应便于清洗和消毒。

（2）适宜的温度和湿度　胚胎发育的临界温度是 23.9℃，超过这一温度胚胎就开始发育，低于这一温度胚胎发育受到抑制。种蛋应在低于临界温度以下保存。种蛋保存的理想温度为 13～16℃。保存时间不同也有差异，保存在 7 天以内，控制在 15℃较适宜；7 天以上以 11℃为宜。高温对种蛋的孵化率影响极大，当保存温度高于 23.9℃时，胚胎开始缓慢发育，尽管发育程度有限，但由于细胞的代谢会逐渐导致胚胎的衰老和死亡。相反温度过低，也会造成胚胎的死亡，影响孵化率，低于 0℃ 时，种蛋因受冻而失去孵化能力。贮存前，如果种蛋的温度高于保存温度，应逐步降温，使蛋温接近贮存室温度，然后将种蛋放入贮存室。

湿度过高，种蛋容易发霉变质。湿度过低，蛋内水分蒸发过多，影响孵化效果。保存的湿度以近于蛋的含水量为最好，贮存室内一般相对湿度控制在 70%～80% 为宜。

（3）适宜的保存时间　保存时间越短，孵化率越高。随着种蛋保存期的延长，孵化率会逐渐降低。新鲜蛋的蛋白具有杀菌作用，保存时间过长，蛋白的杀菌作用急剧下降；另一方面，保存时间过长，蛋内水分蒸发过多，导致内部 pH 的改变，各种酶的活动加强，引起胚胎的衰老、营养物质的变化及残余细菌的繁殖，从而危害胚胎，降低孵化率。若不能控制温度，保存时间应根据季节的不同而定，夏天以保存 3 天为宜。种蛋如须较长时间保存，可将种蛋放入密封的塑料袋内，填充氮气，密封保存，可阻止蛋内物质和微生物的代谢，防止蛋内水分的过分蒸发。即使保存时间达 3～4 周，仍可获得 70%～80% 的孵化率。种蛋长期保存时，每天翻蛋一次，也可延缓孵化率的急剧下降。

5. 种蛋的包装和运输　装运种蛋是良种引进、交换和推广过程中不可缺少的一个重要环节，应给予高度重视。

（1）种蛋的包装　引进种蛋时常常需要长途运输，如果保护不当，往往引起种蛋破损和系带松弛、气室破裂等，导致孵化率降低。

包装种蛋最好的用具是专用的种蛋箱（长 60 厘米×宽 30 厘米×高 40 厘米，250 个）或塑料蛋托盘。种蛋箱和蛋托盘必须结实，能经受一定压力，并且要留有通气孔。装箱时必须装满，必须使用一些填充物防震。如果没有专用种蛋箱，也可用木箱或竹筐装运，此时可用废纸将种蛋逐个包好，装入箱（筐）内，各层之间填充锯末或刨花、稻草等填充垫料，防止撞击和震动，尽量避免蛋与蛋的直接接触。不论使用什么工具包装，尽量使大头向上或平放，排列整齐，以减少蛋的破损。

（2）种蛋的运输　在种蛋的运输过程中，应注意避免日晒雨淋，影响种蛋的品质。因此，在夏季运输时，要有遮阴和防雨设备；冬季运输应注意保温，以防受冻。运输工具要求快速平稳，安全运送。装卸时轻装轻放，严防强烈震动。种蛋运到后，应立即开箱检查，剔除破损蛋，进行消毒，尽快入孵。

（二）孵化前的准备

（1）制订孵化计划，如几天入孵1次，把费时费力如码盘上蛋、照蛋、出雏的时间错开，不要放在同一天进行。

（2）检修孵化机，准备相应机器配件。

（3）在入孵前一周，对孵化室、孵化器及用具应彻底清洗消毒。对孵化器进行全面检查，进行孵化器的试机运转，校对、检查各控制元件的性能，对温、湿度计进行校对，待试机24小时一切正常后，方可入孵。

（三）孵化期操作技术

1. 种蛋的入孵　入孵前先将种蛋逐个排列在蛋架，一般蛋的大端向上排列，倾斜45°角；同时在种蛋上应标注种类、上蛋日期或批次等，以便于孵化的操作管理；入孵时间最好安排在下午16时以后，这样大批出壳时间正好在白天，便于工作的安排。

2. 照检　孵化过程中，一般进行三次照检。第一次照检在孵化的6~7天，主要是剔除无精蛋和中死蛋（血环蛋）。通过第一次照检，可确定受精率的高低，检查胚胎发育是否正常，发育正常的胚胎，可明显看到血管网鲜红，胚胎像小蚊虫大小。无精蛋在头照时只能看到浅黄色的蛋黄悬浮于蛋内，蛋白透明，看不见血管。死胚蛋头照时，蛋内多呈无规律的血环或血线，无血管扩散，蛋黄散沉。

第二次照检鸭蛋为13~14天，鹅蛋为15~16天，此次照检可将死胚蛋和漏检的无精蛋剔除，如此时尿囊膜在蛋的小头合拢，表明胚胎发育正常，孵化条件的控制适宜。

第三次照检可结合转盘或上摊床进行。由于照检多采用手工操作，费时费工。目的主要是检查胚胎后期的发育情况，及时将死胚蛋剔除，同时还可根据胚胎发育情况调整后期的孵化温度及转盘或上摊床的时间。照检时死胚蛋变得灰暗，看不清血管，气室小而不倾斜，蛋面发凉。

常用的照蛋器有两种：一种是手提式，可直接在蛋盘上逐个照检；另一种为座式，须将种蛋取于手中，以大头对准照蛋孔逐个照检。

3. 移蛋（或转盘）　鸭蛋在孵化的第 25 天进行最后一次照检，将死胚蛋剔除后，把发育正常的胚蛋转入出雏器中继续孵化，叫移盘或转盘。移盘时如发现胚胎发育普遍较迟，应推迟移盘的时间。移盘后应注意提高出雏器内的相对湿度和增大通风量。机摊结合孵化时，一般在 21 天照检后转入摊床，利用胚蛋的自温进行孵化，直到出雏。

4. 出雏　孵化条件正常时，鸭蛋一般孵化到 27.5 天、鹅蛋 29.5 天开始破壳出雏。出雏期间不应经常打开机门，以免降低出雏机内的温度和湿度。一般 3～4 小时检雏一次，出壳的雏鸭绒毛干后应及时取出，并将空蛋壳拣出有利于其他胚蛋继续出雏。出雏期间应关闭机内照明灯。以免引起雏鸭的骚动。在出雏末期，已啄壳但无力破壳的可进行人工破壳助产，但要在尿囊枯萎的情况下进行，否则容易引起大量出血，造成死亡。出壳完毕后，应及时清洗、消毒出雏器、水盘、出雏盘等用具。

5. 初生雏禽的分群　初生雏禽孵出后应及时进行分群，将健雏和弱雏分开，进行单独培育，以提高成活率，使雏禽生长发育均匀，并减少疾病感染。健雏表现出精神活泼，体重适宜，绒毛匀整有光泽，脐部收缩良好，站立稳健，握在手中挣扎有力。弱雏则显得精神不振，个体小，两脚站立不稳，腹大，脐部愈合不良，还表现出有拐腿、瞎眼、弯喙等不良症状。

6. 孵化机的日常管理

（1）观察温度的变化　温度通过门上的干湿球温度计来观察，每两小时记录一次，并可结合种蛋测温，即将种蛋放在眼皮上测温，这需要一定的孵化经验。生产上一般通过校准的门温度计进行观察记录，以免开关门时对孵化温度造成的影响。如有温度上升或下降，应及时调整。

（2）若非自动调湿的孵化器，每天应定时往水盘加温水。温度计的纱布在水中易因钙盐作用变硬或沾染灰尘和绒毛。影响水分蒸发，需经常清洗更换。

（3）停电时应采取的措施　根据停电时间的长短、胚龄的大小采取相应的措施。如果在冬季、早春室温较低，可升火来提高室温，打开孵化机通风孔放温，每半小时人工摇动风扇一次，使机内温度均匀，否则热空气聚集在孵化机内的上部，出现上部过热，下部过凉等现象。若胚龄较大，自温较高时，应立即打开机门散热，每半小时手工翻蛋一次，以免胚蛋温度过高。停电时间较长时，特别是胚龄较小的蛋，必须设法加温；胚龄较大时，可转入摊床利用胚蛋的自温进行孵化。

第三节　孵化效果的检查分析

孵化过程中结合照蛋、出雏等经常检查胚胎的发育情况，以及死胚情况，分析查明原因，及时改进孵化条件和种鸭（鹅）的饲养管理，对于提高孵化率和经济效益具有重要的作用。

一、孵化效果的检查方法

常见的孵化效果的检查方法有以下几种。

（一）照蛋

在孵化的第 6～7 天照检时如有 70% 以上的胚蛋符合胚胎发

育的标准，其散黄蛋、死胚蛋的数量占受精蛋总数的 3%～5%，说明胚胎发育正常，温度掌握适宜；如果 70% 的胚胎发育太快，胚胎死亡的比例超过 7%，说明孵化温度偏高，可适当降低温度；如果有 70% 的胚胎发育达不到要求，说明孵化温度偏低。除检查孵化温度是否正常外，还应检查种蛋的保存时间、保存方法以及种鸭的饲养管理等方面的原因。

在鸭蛋孵化至 13～14 天，鹅蛋 15～16 天进行第二次照检，如果绝大部分胚蛋的尿囊血管在小头合拢，死胚蛋的比例不超过 2%～4%，说明胚胎发育正常，孵化温度适宜；如果 70% 左右的胚胎尿囊膜在小头还没有合拢，说明孵化温度偏低，并可从尿囊膜发育的程度推测温度偏低的程度；如果尿囊膜早已合拢，死胚数较多时，说明孵化温度偏高，应及时进行调整。

第三次照蛋时 70% 以上的胚蛋除气室而外，胚胎占据蛋的全部空间，漆黑一团，可见气室边缘弯曲，尿囊血管逐渐萎缩，甚至可见胚胎黑影闪动，说明胚胎发育正常，死胚一般在 2%～3% 以下。如果死胚数超过 7%～8% 以上，并已大批开始啄壳，说明孵化温度过高；如果气室较小，边缘平整，无胚胎黑影闪动，说明温度偏低。如果孵化温度正常，死胚率较高，则应分析其他因素。

（二）出雏时的检查分析

在出雏期间观察胚胎啄壳的状态和出雏的时间等是否正常，借以检查胚胎的发育情况。如果啄壳整齐、出雏时间正常，从开始出壳至全部出完约 40 小时，说明温度恰当。如果出壳时间提早，雏鸭脐部周围绒毛未长齐，弱雏中有较多"粘毛"的现象，说明孵化后期温度较高；如果雏鸭弱雏较多，脐部较大，且有较多的"钉肚"，死胚明显增加，说明孵化温度偏低。出壳时间比较正常，死胚和弱雏较少，但弱雏的腹部较大，可能与孵化后期的湿度较大有关系。

（三）胚蛋在孵化期间的失重

蛋重随着胚龄的增加，由于水分的蒸发，蛋白、蛋黄营养物质的消耗，胚蛋的重量按照一定比例减轻，通常孵化第 5 天胚蛋减重 1.5%～2%，第 10 天减重 11%～12.5%，出壳时雏鹅的重量为蛋重的 62%～65%，在孵化过程中可以抽样称重测定，根据气室大小的变化和后期胚胎的形态，了解和判断相对湿度是否适宜。

（四）死胚的剖解

不同胚龄照蛋时检出的死胚，通过破壳观察，对照前述的胚胎发育特征，分析死亡原因，改进孵化管理。首先观察胎位是否正常，各组织器官出现和发育情况，后期还观察皮肤、内脏是否充血、出血、水肿等，然后综合判断死亡的原因。必要时作死胚蛋的微生物学检验，检查种蛋品质，是否感染有传染性疾病。

（五）胚胎死亡高峰期

孵化期间胚胎死亡有两个高峰期：第一个死亡高峰期在孵化4～6 天，第二个死亡高峰期是在孵化后期的 24～27 天，尤其在后期死亡率更高。第一个死亡高峰期正是胚胎生长迅速，形态变化显著的时期，胚胎对外界环境的变化十分敏感，稍有不慎则造成胚胎的死亡。第二个死亡高峰期是胚胎的呼吸转为肺呼吸的时期，生理变化剧烈，氧气需要量增加，胚胎体温增高，如果通风不良，散热不好，则容易造成胚胎的死亡。如果死亡比例较大，则应及时分析死亡的原因，加以解决。

二、提高孵化率的途径

随着水禽业的发展，利用母禽抱性的天然孵化法，显然已不合时代要求，采用人工孵化的越来越多。在人工孵化的过程中，经常遇到一些异常现象，要分析发生的原因，采取改进的方法，可以有效地提高水禽的孵化率。

1. 无精蛋增多 由于鸭（鹅）的品种差异，种蛋的受精率平均为 75%～85%，如果无精蛋超过 15%～25%，就是一种异常现象。形成的原因主要有：种鸭（鹅）的公、母比例不协调，公禽太多或太少；种禽年老、肥胖、跛脚；缺少交配时需要的水池；繁殖季节青饲料供应不足，营养缺乏等。这些因素影响了种鸭（鹅）的正常交配，降低了精子活力。为了提高种蛋的受精率，必须严格选留种鸭（鹅），剔除和淘汰少数发育不良，体质瘦弱和配种能力不强的个体。按照 1∶5～6 的公、母比例，留足种公鸭（鹅）。提供种禽交配的适宜水面。应在产种蛋前给种鹅优先补料，确保营养需要。值得注意的是初产蛋受精率都很低，一般不作种蛋。

2. 死胚增多 种蛋入孵后 7～25 天内，死胚增多，这是因为种鸭（鹅）日粮营养不足，影响种蛋内胚胎正常发育；近亲繁殖，导致胚胎弱质；孵化施温不当，造成胚胎发育受阻。为此，要加强产蛋期母鸭（鹅）的饲养管理，应以舍饲为主，放牧为辅，舍饲的日粮要充分考虑母鸭（鹅）产蛋所需的营养，合理配合。不断更新种群，减少近亲交配。调整适宜的孵化温度，同时不能忽视检查温度计的精确性以及放置的位置对不对，防止人为地判断错误。

3. 蛋黄粘连壳内膜 这是由于种蛋保存不当引起的。在较高或较低的环境温度下，都会影响日后的胚胎发育，种蛋保存的适宜温度是 13～16℃。为了尽量减少蛋内水分蒸发，必须提高室内湿度，一般保持在 75%～85% 为宜。在正常情况下，种蛋的保存时间不能太久，7 天内为宜，不要超过 2 周。天气凉爽（早春、春季、初秋）保存时间可相对长些，严冬、酷暑保存时间相对短些。此外，保存期间要进行转蛋，种蛋保存在一周内不必转蛋，超过一周每天须转蛋 1～2 次。所谓转蛋，只要改变蛋的放置角度就行。

4. 雏鸭（鹅）不能出壳 经常见到蛋壳啄破，胚胎又发育良好，就是雏鸭（鹅）不能出壳。通常是破壳期间环境湿度较低、通风不良造成的。这就要求在孵化后期的最后两天，要把湿度保持在70%～80%，同时要加大通风量。

5. 种蛋在孵化期发生腐臭、渗漏或爆裂　大多数是因为种蛋受到了污染。要搞好种鸭（鹅）饲养的环境卫生，保持鸭（鹅）巢垫料清洁，防止污染种蛋。表面太脏的种蛋不能直接入孵，必须进行种蛋消毒。常用的清毒方法有2种：一是福尔马林熏蒸消毒法，把种蛋放入蛋盘，用塑料薄膜罩住盘架，里面放置陶瓷或玻璃容器，先加入少量温水，后加入高锰酸钾，再加入福尔马林。用量是每立方米空间用福尔马林14毫升、高锰酸钾7克，熏蒸半小时。二是新洁尔灭浸泡消毒法，把1∶1 000（5%原液＋50倍水）新洁尔灭溶液加温至40～45℃，把种蛋在该溶液中水浴30分钟即可。

6. 凉蛋和喷水

（1）凉蛋是调整湿度的有效措施，对孵化率影响很大。在孵化前期，一般不凉蛋，中后期的蛋温常达39℃以上，由于蛋壳表面积相对小，气孔小，散热缓慢。若不及时散发过多的生理热，就影响发育或造成死胎。凉蛋可以加强胚胎的气体交换，排除蛋内的积热。孵化至17～19天时，打开箱盖，每天凉蛋一次，25天以后，生理热多，每天凉蛋3～4次。凉蛋的时间长短不等，根据实际情况灵活掌握。当蛋温降至35℃时，继续孵化。

（2）喷水是提高鹅蛋孵化率的关键。喷水的功能有三点：一是破坏壳上膜；二是促进蛋壳和壳膜不断收缩和扩张，破坏它们的完整性，加大通透性，加快水分蒸发和蛋的正常失重，使气室容积变大和供氧充足；三是导致蛋壳松脆。鸭（鹅）蛋的外壳膜厚，蛋壳坚硬。前者影响气体交换和水分蒸发，后者造成啄壳困难。外壳膜的存在对孵化前期是有利的，对后期不利。要除掉它，就要对19天以后的胚蛋喷水（提早喷水对尿囊血管的合拢不利）。气温高时喷凉水，气温低时喷 35℃的温水。每天喷 1～4次，酌情掌握。将蛋喷湿，晾干后继续孵化。经过反复喷水，蛋壳中的碳酸钙在水和二氧化碳的作用下变成碳酸氢钙，坚硬的蛋壳变得松软了，雏鸭（鹅）容易破壳，从而提高了孵化率。

第四章 水禽的营养与饲料

一、水禽的营养需要

（一）能量

鸭对营养物质的需要量中，能量所占的比重最大。鸭所需的能量来源于饲料中的 3 种有机物：碳水化合物、脂肪、蛋白质，而最主要的来源是碳水化合物。

日粮中的碳水化合物包括淀粉、糖类和粗纤维，在饲料成分中用淀粉作能量来源的价格最便宜。禽体代谢旺盛，需要能量较多，必须喂给含淀粉多的饲料。鸭对粗纤维消化能力很低，日粮中粗纤维不宜过多，但过少时肠蠕动不充分，不利于粪便排泄，日粮中粗纤维含量为 2.5%～3%，青年鸭、产蛋鸭、种鸭为 3%～5%。

鸭所需要的能量除直接取自消化道吸收的葡萄糖和挥发性脂肪酸外，还可取自体内贮备的糖原和体脂肪，必要时体蛋白也可用于产生能量。

鸭有维持体温恒定的能力。当外界温度低时，机体代谢加速，产热量增加，以维持正常体温，维持能量消耗也就增多。因此，冬季饲料中能量水平应适当提高。

鸭还有调节采食量的本能，饲粮能量水平低时就会多采食使一部分蛋白质转化为能量，造成蛋白质过剩或浪费；饲粮能量过高，将使鸭过肥，也会造成浪费。由于采食量的异常变化，影响了蛋白质和其他营养物质的摄取量，造成营养的不平衡。因此，在配合饲粮时必须首先确定适宜的能量标准，然后在此基础上确定其他营养物质的需要量。在鸭的饲养标准中，用蛋白质能量比来规定蛋白质与能量的比例关系。蛋白质能量比是指饲粮中每兆焦代谢能所含的蛋白质克数，即粗蛋白质（克）/兆焦代谢能。蛋白质能量比与鸭的品种、日龄、用途等有关，如樱桃谷种鸭育雏期饲粮中粗蛋白质含量为22%，代谢能为12.14兆焦/千克，则蛋白质能量比为18；生长期粗蛋白质含量为15.5%，代谢能为11.92兆焦/千克，则蛋白质能量比为13；产蛋期粗蛋白质含量为19.5%，代谢能11.30兆焦/千克，则蛋白质能量比为17。在配合鸭的饲粮时，应灵活应用，寻找一种较合理的蛋白质能量比，以达到提高饲料转化率，降低成本，增加效益的目的。

环境温度对鹅能量需要影响较大，初生雏鹅在32℃环境条件下，产生的热能最低，在气温为23.9℃环境下产热比在32℃时多1倍。成年鹅在18.3～23.9℃基础代谢产热量最低，如果环境温度低于12.8℃，则大量的饲料消耗被用于维持体温。

（二）蛋白质

蛋白质是生命的基础。鸭的羽毛、皮肤、神经、血液、肌肉、蛋等，都以蛋白质为基本成分。鸭体内的酶、激素、抗体、色素等也是以蛋白质为主要成分。

蛋白质包括纯蛋白和氨化物两类，总称为粗蛋白质。配合鸭的饲粮时，往往以含粗蛋白质的百分数表示。

构成蛋白质的最基本物质是20余种氨基酸。饲料中蛋白质在消化道内被降解，最后分解成游离的氨基酸被肠道吸收后进入血液。这些游离的氨基酸在血液中被输送到肝脏和其他体细胞，用以合成鸭所需要的蛋白质。因此，鸭实际需要的蛋白质主要是氨基酸。氨基酸又分为必需氨基酸和非必需氨基酸。必需氨基酸在鸭体内不能合成或合成的速度慢、数量少，不能满足营养需要，必须由饲料来供给。鸭的必需氨基酸是蛋氨酸、赖氨酸、色氨酸、组氨酸、精氨酸、亮氨酸、异亮氨酸、苯丙氨酸、苏氨酸和甘氨酸。在饲养实践中，用一般的谷物与油饼类饲料配合饲粮时，必需氨基酸中的蛋氨酸、赖氨酸、精氨酸、苏氨酸和异亮氨酸等常常达不到营养需要标准的数量，使蛋白质的营养受到限制。因此，被称为限制性氨基酸。按它们缺乏多少的次序，将其分为第一、第二、第三、第四……限制性氨基酸。非必需氨基酸在鸭体内可以合成，不一定需要由饲料来供给。但是，已知非必需氨基酸中的胱氨酸可部分代替蛋氨酸，酪氨酸可部分代替苯丙氨酸，丝氨酸可部分代替甘氨酸。因此，胱氨酸、酪氨酸、丝氨酸不足时，实质上是增加了必需氨基酸——蛋氨酸、苯丙氨酸和甘氨酸的需要量，所以饲粮中胱氨酸、酪氨酸和丝氨酸的量往往都分别与蛋氨酸、苯丙氨酸、甘氨酸合并考虑。

饲粮中各种必需氨基酸必须保持平衡，才能体现出蛋白质的最佳营养。所谓氨基酸平衡是指饲粮中各种必需氨基酸在数量和比例上同鸭的特定需要量相符合，一般是指与最佳生产水平的需要量相平衡。氨基酸对鸭的营养作用，犹如木桶一样，木桶上的每条木板代表一种氨基酸，木桶的容水量相当于氨基酸对鸭的生产效果。当供给鸭饲粮蛋白质中各种氨基酸趋于平衡时，也就相当于木桶上每条木板趋于最高高度，装水量也最多，即生产效果趋于最佳。这种氨基酸平衡的蛋白质称之为"理想蛋白质"。如果饲料中缺乏一种或几种限制性氨基酸，就像木桶上的木条短缺，这时其他氨基酸再多也无济于事，生产水平只能停留在最少的那种氨基酸水平上。所以，一旦鸭饲粮中缺乏这些氨基酸时，鸭生长缓慢，羽毛生长不良，性成熟晚，产蛋率降低，蛋重小。反过来，如某些氨基酸过量，则使蛋白质的利用率降低，造成浪费。

为了使鸭饲料中各种氨基酸趋于平衡，饲养实践中常将几种饲料搭配起来使用。由于各种饲料中氨基酸的含量不一定相同，通过几种饲料搭配，可使必需氨基酸得到相互补充，氨基酸利用率也会相应得到提高。

确定蛋白质需要量时，首先应明确日粮的能量水平，决定采食量的多少。根据日粮的能量水平确定蛋白质的需要量。温度也是影响采食量的重要因素，在确定蛋白质水平时，也应加以考虑。

鹅对蛋白质的需求比鸡、鸭低，鹅对日粮蛋白质水平的变化及反应也没有对能量水平变化的反应明显。一般认为，对种公鹅、种母鹅，特别是雏鹅，日粮蛋白质水平很重要。在通常情况下，成年鹅饲料的粗蛋白质含量控制在 15% 左右为宜，能提高产蛋性能和配种能力。雏鹅日粮粗蛋白质含量在 20% 就可保证最快生长速度对蛋白质的需要。因此，提高日粮粗蛋白质水平，对于肉鹅 6 周龄以前的增重有促进用，以后各阶段粗蛋白质水平的高低对增重没有明显影响。

（三）脂肪

脂肪是鸭体组织和产品的重要成分，如神经、血液、骨筋、皮肤、肌肉、蛋黄等都含有脂肪。脂肪是供给鸭体能量和贮备能量的最好形式，它在体内氧化时放出的能量为同重量碳水化合物或蛋白质的 2.25 倍。脂肪还是脂溶性维生素的溶剂。

饲料中脂肪含量过多或过少对鸭都不利。脂肪过多，会引起鸭食欲不振，消化不良，腹泻。相反，脂肪不足会妨碍脂溶性维生素的输送和吸收，使鸭生长受阻，皮肤发炎，脱毛，生殖机能衰退等。饲料中部含有一定量的脂肪，能满足鸭的营养需要，一般不会出现缺乏症。在生产实践中，配制肉鸭饲粮时，适量添加脂肪可明显提高肉鸭的生长速度，改善肉质，增强肉鸭的体液免疫和细胞免疫功能，尤其是含不饱和脂肪酸较多的鱼油对促进抗体生成的作用更为显著。

（四）矿物质

矿物质元素在鸭体内占 3%～5%，是构成骨髓、蛋壳的重要成分，有些分布于羽毛、肌肉、血液和其他组织中，有些是维生素、激素、酶的组成成分。这些矿物质元素虽然不是鸭能量的来源，但有参与机体新陈代谢、调节渗透压、维持酸碱平衡的作用，是保持鸭正常生理功能和生产所必需的。矿物质元素的种类很多，根据其在鸭体内含量多少，可分为常量元素和微量元素两大类。占体重的 0.01％以上的元素为常量元素，如钙、磷、氯、硫、钾等元素；占体重的 0.01％以下的元素为微量元素，如铁、铜、锌、锰、碘、硒等元素。

1. 常量元素

（1）钙和磷　钙和磷是鸭需要数量最多的两种矿物质元素。它们是构成骨骼的主要成分。

钙在维持神经、肌肉、心脏的正常生理功能，以及调节酸碱平衡、促进血液凝固、形成蛋壳等方面都有重要作用。缺钙时，出现佝偻病和软骨病，生长停滞，产蛋减少，蛋壳变薄或软皮蛋，不同种类的鸭对钙的需要量不同，一般鸭饲粮中的钙含量为 0.8％～1％，蛋鸭、种鸭产蛋期为 2.5％～3.5％。钙与饲粮中能量浓度有一定关系，一般饲粮中能量高时，含钙量也要适当增加。但并不是含钙量愈高愈好，如超过需要量，则影响鸭对镁、锰、锌等元素的吸收，对鸭的生长发育和生产也不利。生产中一般谷类饲料和糠麸中含钙很少。因此，配合鸭饲粮时必须补充含钙饲料，如磷酸氢钙、骨粉、蛋壳粉、贝壳粉和石粉等。

磷作为骨骼的组成元素，其含量仅次于钙，也是构成蛋壳和蛋黄的原料。磷在碳水化合物与脂肪的代谢、钙的吸收利用以及维持酸碱平衡中，也有重要作用。缺磷时，鸭表现食欲减退，异食癖，生长缓慢。严重时关节硬化，骨脆易碎；蛋鸭产蛋率明显下降，甚至停产，蛋壳变薄。鸭的饲粮中有效磷含量为 0.4％～0.6％。谷物和糠麸中含磷较多，但主要以植酸盐形式存在，而鸭对植酸磷的利用率较低，仅为 30％左右。因此，在配合饲粮时，应以有效磷作为磷需要量的指标。在鸭的饲粮中添加植酸酶可提高植物饲料中磷的利用率，减少含磷饲料的补充量。

钙和磷两种元素有着密切的关系，饲料中某种元素的含量过高都会影响另一种元素的吸收和利用。因此，两者必须保持适当比例。一般情况下，钙、磷的正常比例应为 1.3～2.1：1，蛋鸭产蛋期为 4～6：1。

鹅的矿物质饲料中，不但钙、磷的数量要充足，而且比例要适宜，一般应保持 1.3：1，产蛋期为 3～4：1，同时也应供给足够的维生素 K，这样钙、磷才能很好地被机体吸收和利用。

（2）钠和氯　钠和氯是鸭的血液、体液的主要成分，它们在维持体内渗透压、水、酸碱平衡上，起着调节作用，同时与调节心脏肌肉的活动、蛋白质的代谢也有密切关系。饲料中若缺乏这两种元素，鸭食欲减退，生长迟缓，出现啄癖和异嗜。饲料中一般钠和氯含量少，生产上常在饲粮中添加食盐来补充。饲粮中补充食盐时，要考虑鱼粉和贝壳粉的含盐量。含盐量过多易引起食盐中毒。饲粮中食盐含量以不超过 0.5％为宜。

2. 微量元素

（1）铁和铜　铁存于血红蛋白、肌红蛋白及某些氧化酶中，铁不足时发生贫血。铜与铁共同参与血红蛋白的形成，缺铜时铁的吸收不良，也会发生贫血；缺铜也可以导致佝偻病和骨质疏松症，主要是不利于钙、磷在软骨基质上沉积，影响骨髓正常发育；缺铜时损害鸭的动脉血管弹性，使血管破裂；缺铜对鸭羽毛色泽及中枢神经都有影响。铁的需要量，一般为每千克饲料60～80毫克，铜为 5～8 毫克。

（2）锌　锌在鸭体内含量很少，但分布却很广。它是许多金属酶类和激素、胰岛素的构成成分，参与蛋白质、碳水化合物和脂类代谢。它还与羽毛的生长、皮肤的健康、创伤的愈合及免疫功能有关。缺锌时，主要表现为生长发育缓慢。羽毛生长不良，诱发皮炎。母鸭缺锌时，产蛋量下降或停止，种蛋的孵化率下降，鸭胚死亡或发生畸形。鸭对锌的需要量为每千克饲料 50～60毫克。

幼鹅缺乏锌，丧失食欲，生长停滞，关节肿大，羽毛发育不良；母鹅缺乏锌产软壳蛋，孵化率下降。

（3）锰 锰主要存在于血液、肝脏中，是作为碳水化合物、脂类和蛋白质代谢的一些酶的组成成分，具有促进骨骼正常生长发育的作用，对产蛋鸭有增加蛋壳强度的作用。缺锰时，因软骨营养不良，表现腿短，胫骨与跖骨接头处肿胀，使后跟腱从踝状突滑出，病鸭不能站立，即所谓"骨短粗症"，或称"滑腱症"。蛋鸭产蛋率及种蛋的孵化率降低，蛋壳强度下降。鸭对锰的需要量为每千克饲料 30～60 毫克。一般饲料中均缺锰，配合饲粮时应注意补充。番鸭对锰的需要量比其他品种要多些，即使用 60毫克/千克锰的全价颗粒料饲养时，还会出现缺乏症，且公鸭发病数比母鸭要高 2～3 倍。预防措施：在 3～4 周龄期间，将饲料中锰含量提高到 90 毫克/千克。

（4）硒 硒是谷胱甘肽过氧化酶的必需成分，这种酶和维生素 E 都具有保护细胞膜不受氧化物损害的作用，并增强鸭的免疫功能。鸭缺硒时，出现渗出性素质病，表现为皮肤呈淡绿色至淡蓝色；皮下水肿、出血，肌肉萎缩，肝脏坏死，产蛋率、孵化率、雏鸭成活率下降。

饲料中缺硒与土壤中硒的含量有关，如我国东北的一些山区，所产饲料中缺硒，鸭喂此饲料会引起缺硒症，必须在饲料中添加硒元素。鸭对硒的需要量为每千克饲料 0.12～0.25 毫克。必须注意，鸭对硒的需要量与中毒量很接近，使用时一定要严格按规定数量添加，并要确实做到混合均匀，以防过量中毒。

（5）铬 铬是葡萄糖耐受因子（GTF）不可缺少的成分。GTF 的作用是促进胰岛素的生理功能。胰岛素是调节能量、脂肪代谢、蛋白质沉积和胆固醇利用的重要激素。当细胞的胰岛素敏感性下降，细胞利用葡萄糖和氨基酸的能力受到影响，导致脂肪细胞增加，蛋白质沉积减少。因此，铬对于维持机体三大物质代谢和正常生理状况有重要作用。

植物性饲料所含铬极少。以玉米—豆粕为基础饲粮的肉鸭在环境温度较高时可能中度缺铬。在肉鸭饲粮中添加 0.4 毫克/千克酵母铬可提高胴体瘦肉率 8.14%。

（五）维生素

维生素的功能是生理上起着调节和控制新陈代谢的作用，参与酶活性的维持、增强免疫力。虽然维生素的需要量很少，但是维持鸭的生命和生长所必需的一类特殊的营养物质。畜牧业上主要用于促进鸭的生长，保护健康，提高成活率、饲料转化率及繁殖率。

鸭所需的维生素有 13 种，根据其特性可以分为水溶性的维生素 B_1、维生素 B_2、维生素 B_6、泛酸、烟酸、胆碱、叶酸、生物素和维生素 B_{12}；脂溶性的维生素 A、维生素 D、维生素 E、维生素 K。除了维生素 C 外，其余的维生素都要通过饲料获得，因为鸭体内不能自行合成。

1. 脂溶性维生素

（1）维生素 A 维生素 A 能维持鸭的视觉、神经的正常生理功能，维护上皮黏膜的正常功能，促进骨髓的正常生长发育，还能增强鸭的抗病力和免疫力，提高产蛋率和孵化率。缺乏时，鸭生长缓慢或停滞，精神不振，瘦弱，羽毛蓬松，运动失调，夜盲，干眼病；成年鸭产蛋率下降，种蛋受精率和孵化率降低；鸭群抗病力减弱，发病率、死亡率增高。维生素 A 缺乏时，雏鹅表现出步态不稳，眼、鼻出现干酪样物质，种鹅的产蛋量和蛋的孵化率下降。

维生素 A 主要存在动物性饲料中，其在鱼肝油中含量最高，青绿饲料、黄玉米、胡萝卜中含有少量胡萝卜素（胡萝卜素在体内水解后变成维生素 A），所以应注意补充。鱼肝油常用作维生素 A 的补充剂。雏鸭每千克饲料中应含 6 000～8 000 国际单位，育成鸭为 4 000 国际单位，蛋鸭及种鸭为 8 000～10 000 国际单位。

（2）维生素 D 维生素 D 能促进钙、磷在肠道中的吸收，调控钙、磷代谢，促进骨骼的形成和发育，使其最终成为骨质和蛋壳的基本结构。缺乏时，因骨组织生长发育受阻，使鸭骨化不良，腿脚无力，脚和胸骨软而易弯曲，导致佝偻病；成鸭产蛋减少，蛋壳薄或产软壳蛋，产蛋率、孵化率降低。维生素 D 缺乏时，雏鹅出现腿畸形、佝偻病，生长迟缓，种蛋蛋壳变薄，产蛋量和孵化率下降等症状。

维生素 D 主要以维生素 D_2 和维生素 D_3 对鸭有营养意义，且鸭对维生素 D_3 的利用能力强，其效能比维生素 D_2 高 40 倍。维生素 D_3 在鱼肝油中含量较多。青饲料中的麦角固醇，鸭本身的皮下有 7-脱氢胆固醇，经紫外线照射可转变为维生素 D_3。因此，有运动场的开放式鸭舍，鸭可晒太阳，不会缺乏维生素 D_3，在舍饲鸭的饲粮中必须补充维生素 D，一般每千克饲料中需 400～600 国际单位。

（3）维生素 E　维生素 E 具有很强的抗氧化作用，对鸭的消化道及机体组织中的维生素 A 具有保护作用，同时可维持鸭正常的生殖功能、肌肉和外周血管的正常生理状态。缺乏时雏鸭患脑软化症，呈现共济失调，头向后或向下退缩，有时伴有侧方扭转。还可发生渗出性素质病和肌肉营养不良。公鸭睾丸萎缩，种鸭的产蛋率和孵化率降低。

维生素 E 缺乏时，公鹅睾丸退化，种蛋受精率、孵化率下降，肌肉营养不良，出现渗出性物质。

维生素 E 在早期籽实饲料的胚芽中含量丰富，青饲料中含量也比较多。一般每千克饲料中需 15～30 国际单位。种鸭每千克饲料中添加 40～50 国际单位，可提高产蛋率和种蛋的受精率。

（4）维生素 K　维生素 K 又称抗出血维生素，其功能是参与凝血作用，促进伤口出血的迅速凝固。当维生素 K 缺乏时，鸭易患出血性疾病，出血时间延长，导致大量失血。雏鸭出壳 2 周内肠道细菌少（细菌具有合成维生素 K 的功能），容易出现维生素 K 的缺乏。另外在发生鸭的球虫病时，也会引起维生素 K

的缺乏，这是可在日粮中添加 2 毫克的维生素 K。

维生素 K 有 4 种形式：K_1 在青饲料、苜蓿粉、大豆、肉骨粉、鱼粉和动物肝脏中含量丰富；K_2 可有肠道菌群合成；K_3 和 K_4 为人工合成的，常作为添加补充剂使用。

2. 水溶性维生素

（1）维生素 B_1（硫胺素）　维生素 B_1 是鸭体内碳水化合物代谢所必需的物质。缺乏时雏鸭神经系统失常，抽搐痉挛，头向后弯，呈"观星状"，食欲减退，羽毛松乱、无光泽，体重减轻。有时倒地侧卧，严重时衰竭死亡。种蛋缺乏维生素 B_1 时，受精率及孵化率降低。在糠麸、青饲料、胚芽、优质干草粉、豆类、发酵饲料和酵母粉中含量丰富。一般每千克饲料应含 1～3 毫克。

（2）维生素 B_2（核黄素）　维生素 B_2 是细胞内黄酶的成分，黄酶直接参与体内的生物氧化过程，参与蛋白质、脂肪和核酸的代谢。对鸭来说，维生素 B_2 也是 B 族维生素中最易缺乏的一种。缺乏时，雏鸭发生卷爪症，足跟关节肿胀，趾向内弯曲成拳状，腿部麻痹，皮肤干燥。种鸭产蛋率、种蛋受精率和孵化率下降。植物性饲料中以豆科饲料及中优质干草粉、大麦、麸皮、米糠、豆饼和酵母粉中的含量丰富；动物性饲料中以鱼粉和血粉中含量较多。一般每千克饲料应含有 3～4 毫克。

（3）维生素 PP（烟酸）　维生素 PP 是所有活性细胞都必需的一种维生素，与碳水化合物、脂肪和蛋白质的代谢有密切的关系，在动物体内主要以辅酶形式参与机体代谢。并有助于色氨酸的生成。缺乏时，舌和口腔呈暗红色炎症，生长受阻，食欲减退，羽毛发育不良，蓬乱无光泽，有时脚和皮肤呈现鳞状皮炎，并有腹泻和屈腿内弯现象，但骨质坚实，不同于软骨症，两腿内弯程度随饲粮中烟酸的缺乏程度而异，严重时不能行走，甚至瘫痪。种鸭缺乏烟酸时，有时羽毛脱落，产蛋量和孵化率下降，胚胎死亡，出壳困难或出弱雏。烟酸广泛存在于动植物饲料中，但植物性饲料及它们的副产品中的烟酸大多以多糖复合物的形式存在而不能被利用，尤其是雏鸭对天然饲料中烟酸的利用率极低。虽然色氨酸可以转化为烟酸，但鸭的饲粮中色氨酸常常处于临界缺乏状态，况且转化率仅为 60：1。因此，鸭对烟酸的需要量远远高于鸡。一般每千克饲料应含有 35～60 毫克。日粮中添加烟酸不仅有预防腿病的作用，而且对鸭的羽毛光泽和脂肪代谢有益。

（4）胆碱　胆碱为蛋氨酸等合成甲基的来源，参与脂肪代谢，防止脂肪变性。因此，饲料中胆碱充足可以降低蛋氨酸的需要量。缺乏时，雏鸭生长缓慢，发生屈腱病，关节肿大等，易形成脂肪肝；蛋鸭产蛋率下降。鱼粉、豆饼、糠麸、酵母、小麦胚芽中含胆碱多。雏鸭饲粮每千克应含胆碱 1 300 毫克，蛋鸭与种鸭均为 800～1 000 毫克。

生产上常用的维生素还有维生素 B_6、维生素 B_{12}，泛酸、叶酸和生物素等。

（六）水

水是构成鸭各组织器官的重要组成成分，是血液、细胞间和细胞内液的基本物质。在鸭的生理活动中，水对养分的消化、吸收、代谢、废物排泄、血液循环及体温的调节均起重要作用。缺水时将导致食欲减退，饲料转化消化率下降，干扰体内所有代谢过程，降低产蛋量、影响生产力的发挥。如对产蛋母鸭停止供水一天，产蛋量很快下降，要经过几周的时间，才能使产蛋量恢复正常。

鸭的饮水量依季节、饲养方式、生产力而异，一般夏季饮水高于冬季，圈养高于放牧，生长速度快、产蛋量高的鸭饮水更多。生产上必须给鸭供应充足饮水，并注意水质卫生。

据测定，鹅吃 1 克饲料要饮水 3.7 克，在气温 12～16℃时，鹅平均每天饮水 1 升，故有"好草好水养肥鹅"的说法，表明水对鹅的重要性。由于鹅是水禽，一般养在靠水的地方，在放牧中也常放水，不容易发生缺水的现象，如果采用舍饲集约化饲养，则要注意保证饮水的需要。

二、水禽常用的饲料

水禽饲料原料通常可以分为能量饲料、蛋白质饲料、维生素饲料、饲料添加剂及青绿饲料和干草粉等。不同饲料差异很大。了解各种饲料的营养特点与影响其品质的因素，对于合理调制和配合日粮，提高饲料的营养价值具有重要意义。

1. 能量饲料　能量饲料是指饲料干物质中粗纤维含量小于18%，粗蛋白质含量小于20%的饲料。这类饲料在鸭日粮中占的比重较大，是能量的主要来源，包括谷实类及其加工副产品，块根、块茎类以及加工副产品。最主要的是谷实类饲料，包括玉米、大麦、小麦、高粱等粮食作物的籽实。其营养特点是淀粉含量高，有效能值高，粗纤维含量低，适口性好，易消化。但粗蛋白含量低，氨基酸组成不平衡，色氨酸、赖氨酸、蛋氨酸少，生物学价值低；矿物质中钙少磷多，植酸磷含量高，鸭不易消化吸收；另外缺少维生素 D。因此在生产上应与蛋白质饲料、矿物质饲料和维生素饲料配合使用。

（1）玉米　玉米号称饲料之王，在配合饲料中占的比重很大，可高达35%～65%，其有效能值高，代谢能含量达 13.50～14.04 兆焦/千克。适口性好、消化率高，是鸭饲料中用的最多的原料。玉米的蛋白质含量低，只有 7.5%～8.7%，必需氨基酸（赖氨酸、色氨酸和蛋氨酸）不平衡，矿物质元素（含钙量极少；含铁、铜、锰、锌和硒等微量元素不足）和维生素（维生素 D、维生素 K）缺乏。在配合饲料中须补充其他饲料和添加剂。

白玉米和黄玉米的粗蛋白和能量价值差异不大。但黄玉米中含有胡萝卜素和叶黄素，可作为部分维生素 A 的来源，对保持蛋黄、皮肤及脚部的黄色具有重要作用。

粉碎的玉米如水分高于 14% 时，易发霉变质，应及时使用，如需长期贮存以不粉碎为好。

（2）麦类　蛋白质含量较多（含粗蛋白 13％左右），氨基酸比其他谷类全面，维生素 B 族也丰富，且易消化，故能量价值仅次于玉米。缺点是维生素 A、维生素 D 和矿物质含量较少，黏性大。

①大麦　大麦含代谢能 11.34 兆焦/千克左右，比玉米低，粗纤维含量高于玉米，但粗蛋白质含量较高，约 11％～12％，且品质优于其他谷物，特别是赖氨酸的含量较高。但大麦皮壳粗硬，粗纤维含量高，故不易消化，常粉碎或出芽后使用，雏鸭限量使用。大麦发芽后，可提高其消化率，增加核黄素的含量，适于种鸭配种时饲喂。一般用量占日粮的 10％～20％。

②小麦　小麦含能量高，代谢能约为 12.5 兆焦/千克，粗纤维少，适口性好，其粗蛋白质含量在禾谷类中最高，达 12％～15％，但其黏性比较大，苏氨酸、赖氨酸缺乏，无机盐含量少，钙、磷比例也不当，使用时必须与其他饲料配合。一般用量为 10％～30％。

③麦秕　指因其他原因造成的籽粒不充实，未成熟的小麦，比小麦的蛋白含量高。由于其价格便宜，可以替代部分小麦。

④燕麦　燕麦代谢能为 11 兆焦/千克左右，粗蛋白质 9％～11％，含赖氨酸较多，但粗纤维含量也高，达到 10％，故不宜在雏鸭和种用鸭中过多使用。

麦类饲料中还含有抗营养因子 β-葡聚糖与木聚糖，使鸭的消化道食糜黏稠度增加，降低饲料养分消化率，甚至引起腹泻等症状。若在饲粮中添加含有 β-葡聚糖酶和木聚糖酶等复合酶制剂，是提高麦类饲用价值的有效途径。

（3）高粱　高粱代谢能在 12～13.7 兆焦/千克，蛋白质含量与玉米相当，但品质较差，其他成分与玉米相似。由于高粱含单宁较多，味苦，适口性差，并影响蛋白质、矿物质的利用率，因此在鸭日粮中应限量使用，不宜超过 15％。低单宁高粱其用量可适当提高。

（4）稻谷、糙米、碎米 稻谷外壳粗纤维含量高达9％，粗蛋白为5％～6％，代谢能约为10.87兆焦/千克，喂量不宜过多，以占饲粮的10％～20％为宜；若磨成粉，可适当增加其含量，可达到日粮的20％～30％。稻谷去壳后为糙米，糙米经过碾磨成白米后筛出的即为碎米，能量较高，但粗蛋白含量只有1％，配料时可占饲粮的20％～40％。稻谷是我国南方水稻生产区的主要能量饲料，因糙米和碎米对鸭的应用价值和玉米接近，故可用稻谷和糙米可替代部分或全部替代玉米喂鸭。

（5）糠麸类 糠麸类饲料是谷类籽实加工制米或制粉后的副产品。其营养特点是：无氮浸出物比谷实类饲料少，粗蛋白含量与品质居于豆科籽实与禾本科籽实之间，粗纤维与粗脂肪含量较高，易酸败变质，矿物质中磷大多以植酸盐形式存在，钙、磷比例不平衡。另外，糠麸类饲料来源广、质地松软、适口性好。

①麦麸 包括小麦、大麦等的麸皮，含蛋白质3.8％，代谢能11.70兆焦/千克，磷、镁和B族维生素较多，适口性好，质地疏松，具有轻泻作用，是饲养鸭的常用饲料，但粗纤维含量高，应控制用量。一般雏鸭和产蛋期鸭麦麸用量占日粮的5％～15％，育成期占10％～25％。

②米糠 米糠是糙米加工成白米时分离出的种皮、糊粉层、胚及少量胚乳的混合物。其营养价值与加工程度有关。含粗蛋白质12％左右，钙少磷多，维生素B族丰富，粗脂肪含量高，易酸败变质，天热不宜长久贮存。由于米糠中粗纤维也多，影响了消化率，同样应限量使用。一般雏鸭米糠用量占日粮的5％～10％，育成期10％～20％。

（6）块根、块茎和瓜类 这类饲料含水分高，自然状态下一般为70％～90％。干物质中淀粉含量高，纤维少，蛋白质含量低，缺乏钙、磷，维生素含量差异大。常用的有甘薯、马铃薯、胡萝卜、南瓜等，由于适口性好，鸭都喜欢吃，但养分往往不能满足需要，饲喂时应配合其他饲料。

①马铃薯　马铃薯含碳水化合物丰富，适口性好，易贮藏，可以代替日粮中30％的谷实类。但马铃薯的幼芽及未成熟块茎中含有毒物质——龙葵素，喂前应将青绿部分及芽眼挖去。熟马铃薯毒性小，且营养价值高，冬天喂鸭可以刺激母鸭提前开产。

②甜菜　甜菜为优良多汁饲料，易消化，一般可占日粮的20％～30％，喂时切碎，每次切好的要一次喂完，不然很快就会烂掉。

③南瓜　南瓜含丰富的胡萝卜素，味甜，适口性好，营养价值高，可占日粮的50％～60％，一般应煮熟后喂给。

④胡萝卜　胡萝卜含丰富的淀粉和胡萝卜素，适口性好，红色的比黄色的营养价值高。用量可占日粮的30％～50％。

2. 蛋白质饲料　蛋白质饲料是指干物质中粗纤维含量在18％以下，粗蛋白含量大于或等于20％的饲料。可分为植物性蛋白质饲料、动物性蛋白质饲料、单细胞蛋白质饲料和合成氨基酸四类。

(1) *植物性蛋白质饲料*　植物性蛋白质饲料包括豆科籽实、饼（粕）类及部分糟渣类饲料。鸭常用的是饼（粕）类饲料，它是豆科籽实和油料籽实提油后的副产品，其中压榨提油后块状副产品称作饼，浸提出油后的碎片状副产品称粕。常见的有大豆饼（粕）、菜籽饼（粕）、棉籽饼（粕）、花生饼（粕）等。这类饲料的营养特点是粗蛋白含量高，氨基酸较平衡，生物学价值高；粗脂肪含量因加工方法不同差异较大，一般饼类含油量高于粕类；粗纤维的含量与加工时有无壳有关；矿物质中钙少磷多，B族维生素含量丰富。这类饲料往往含有一些抗营养因子，使用时应注意。

①大豆饼（粕）　是所有饼（粕）类饲料质量最好的，蛋白质含量达40％～50％（压榨法生产的最低、浸提法最高），赖氨酸含量高，与玉米配合使用效果较好，但蛋氨酸含量偏低。另外，生豆饼和生豆粕中含有胰蛋白酶抑制因子、血凝素、皂角素

等抗营养因子，会影响蛋白质的利用，可以通过加热处理来破坏这些有害物质，但加热不当也会对蛋白质产生热损害，影响赖氨酸的吸收和利用。大豆饼（粕）可作为蛋白质饲料的唯一来源满足鸭对蛋白质的需要，适当添加蛋氨酸和赖氨酸，基本上可配制氨基酸平衡的日粮。粗脂肪的含量为 $1.5\% \sim 6\%$，可溶性无氮物 $28\% \sim 37\%$，粗纤维 7%，在饲料中可添加 $10\% \sim 30\%$。

②菜籽饼（粕）　油菜子榨油后所得副产品为菜籽饼（粕）。其粗蛋白质含量在 $34\% \sim 40\%$，其蛋白质氨基酸组成中含硫氨基酸比较多，蛋氨酸含量最高，赖氨酸含量略低。所含硫葡萄糖苷在芥子酶作用下，可分解为异硫氰酸盐和噁唑烷硫酮等有毒物质，会引起动物甲状腺肿大，激素分泌减少，生长和繁殖受阻，并影响采食量。因此，在实际使用时须经去毒后饲喂，一般占日粮 $5\% \sim 8\%$ 为宜，在蛋鸭饲料中不要超过 3%，在种鸭饲料中最好不要添加。在使用菜籽饼进行配合饲料时，如能和豆饼合用或和鱼粉合用，则可弥补其赖氨酸不足，提高生理价值。

③棉籽饼（粕）　是提取棉籽油后的副产品，含粗蛋白质 $32\% \sim 40\%$，脱壳的棉仁饼粗蛋白质可达 42%，粗纤维的含量高达 13.0%。其蛋白质中必需氨基酸的含量仅次于大豆饼，精氨酸含量高达 $3.67\% \sim 4.14\%$，但赖氨酸和蛋氨酸含量偏低，磷多钙少。粗脂肪较高，达 $4\% \sim 9\%$，是维生素 E 和亚油酸的良好来源，但不利于储存。棉籽饼（粕）中存在游离棉酚，会影响动物细胞、血液和繁殖机能，在日粮中应控制用量，雏鸭及种用鸭不超过 8%，其他鸭 $10\% \sim 15\%$。在饲喂中添加 0.5% 的硫酸亚铁，可以减少棉酚对鸭的毒性作用。

④花生饼（粕）　脱壳的花生饼的粗蛋白含量可达 $45\% \sim 48\%$，精氨酸含量比较高，而赖氨酸和蛋氨酸的含量较低。对鸭适口性好，但要注意高温、高湿季节的黄曲霉污染而引起鸭的黄曲霉毒素中毒，雏鸭对此特别敏感。一般育成鸭和产蛋鸭的日粮中不超过 $6\% \sim 9\%$。

（2）动物性蛋白质饲料　这类饲料主要是水产品、肉类、乳和蛋品加工的副产品，还有屠宰场和皮革厂的废弃物及缫丝厂的蚕蛹等。其共同特点是蛋白质含量高，品质好，矿物质丰富，比例适当，维生素中 B 族维生素丰富，特别是含有维生素 B_{12}。另外一个特点是碳水化合物含量极少，不含纤维素，因此消化率高，但含有一定数量的油脂，容易酸败，影响产品质量，并容易被病原细菌污染。

①鱼粉　鱼粉是最好的蛋白质饲料之一。优质鱼粉，蛋白质品质好，氨基酸含量高，比例平衡，进口鱼粉赖氨酸含量高达 5%，国产鱼粉 3.0%～3.5%。含粗脂肪 5%～12%，一般为 8%，海产鱼粉中含大量高度不饱和脂肪酸，具有特殊的营养生理作用。鱼粉中粗灰分含量高，含钙 5%～7%，磷 2.5%～3.5%。含盐量少则 1%，多则达 7% 以上，配制日粮时应注意鱼粉的含盐量。鱼粉中粗灰分含量越高，表明鱼骨越多，鱼肉越少。灰分超过 20% 时，可能是非全鱼鱼粉。微量元素中，铁含量最高，达 1 500～2 000 毫克/千克，其次是锌 100 毫克/千克，硒 3～5 毫克/千克。海产鱼的碘含量高，鱼粉中含有脂溶性维生素，水溶性维生素中核黄素、生物素和维生素 B_{12} 的含量丰富。

鱼粉是蛋白质、矿物质、部分微量元素和维生素的良好来源，新鲜鱼粉适口性好，因此，其饲用价值比其他蛋白饲料高，且鱼粉中含有未知因子，能促进动物生长。用鱼粉喂鸭，可使鸭增重快、产蛋多。但由于鱼粉价格昂贵，用量受到限制，通常在日粮中含量低于 10%。

使用鱼粉时必须克服因使用不当带来的问题。鱼粉中含较高的组胺，尤其在沙丁鱼、青花鱼及南美洲的鱼粉中含量特别高，有时可达 1000 毫克/千克以上，在生产过程中，直火干燥或加热过度可使组胺与赖氨酸结合，形成糜烂素。使用含糜烂素的鱼粉，可导致家禽患肌胃糜烂症：喙囊肿大、肌胃糜烂、溃疡及穿孔，发生腹膜炎等。

鱼粉中含较高的脂肪，久存易发生氧化酸败，一般添加抗氧化剂来延长贮藏期。长期使用含脂肪高的鱼粉可使肉质变差。

②肉骨粉、肉粉　由动物下脚料及废弃屠体，经高温高压灭菌后的产品。因原料来源不同，骨骼所占比例不同，营养物质含量变化很大，粗蛋白质在 $20\%\sim55\%$，赖氨酸含量丰富，但蛋氨酸、色氨酸较少，钙、磷含量高，缺乏维生素 A、维生素 D、维生素 B_2、烟酸等，但维生素 B_{12} 较多，在鸭日粮中可搭配到 5% 左右。

③血粉　是屠宰牲畜所得血液经干燥后制成的产品，含粗蛋白质 80% 以上，赖氨酸含量 $6\%\sim7\%$，但异亮氨酸严重缺乏，蛋氨酸也较少。由于血粉的加工工艺不同，导致蛋白质和氨基酸的利用率有很大差别。低温高压喷雾干燥的血粉，其赖氨酸利用率为 $80\%\sim95\%$，而老式干燥方法为 $40\%\sim60\%$。血粉中含铁多，钙、磷少，适口性差，在日粮中不宜多用，通常占日粮 $1\%\sim3\%$。

④羽毛粉　禽体羽毛经蒸汽加压水解、干燥粉碎而成。含粗蛋白质 83% 以上，但蛋白质品质差，赖氨酸、蛋氨酸和色氨酸含量很低，胱氨酸含量高。羽毛粉适口性差，使用时应控制用量，日粮中一般不超过 3%。

（3）单细胞蛋白饲料　这类饲料是利用各种微生物体制成的蛋白质饲料，包括酵母、非病原菌、原生动物及藻类。在饲料中应用较多的是饲料酵母。

饲料酵母含粗蛋白质 $40\%\sim50\%$，蛋白质生物学价值介于动物蛋白与植物蛋白之间，赖氨酸含量高，蛋氨酸含量偏低，B族维生素丰富。添加到日粮中可以改善蛋白质品质，补充 B 族维生素，提高饲粮的利用效率。饲料酵母具有苦味，适口性差，在饲粮中的配比一般不超过 5%。

（4）氨基酸产品　氨基酸按国际饲料分类法属于蛋白质饲料，但生产上习惯称为氨基酸添加剂。目前工业化生产的饲料级氨基酸有蛋氨酸、赖氨酸、苏氨酸、色氨酸、谷氨酸和甘氨酸，其中蛋氨酸和赖氨酸最易缺乏，是限制性氨基酸，因此在生产上应用较普遍。

①蛋氨酸　蛋氨酸是含硫氨基酸。在鸭的饲料中，蛋氨酸是第一限制性氨基酸，一般在植物性饲料中蛋氨酸含量很少，不能满足鸭的需要，如饲粮中不含鱼粉等动物性蛋白质饲料，必须添加。一般在配合饲料中添加0.1%的蛋氨酸，可提高蛋白质的利用率2%～3%。在用植物性饲料配成的无鱼粉饲粮中添加蛋氨酸，其饲养效果同样可以接近或达到有鱼粉饲粮的生产水平。通常在饲粮中的添加量为0.05%～0.2%。

②赖氨酸　赖氨酸也是限制性氨基酸。在动物性蛋白质饲料中含量高；植物性饲料豆科饲料含量较高，而谷类饲料尤其是玉米中含量较少。在饲料中添加赖氨酸后，可减少饲料中粗蛋白用量的3%～4%。一般添加量为饲粮的0.05%～0.25%。

蛋氨酸、赖氨酸在鸭的饲料中广泛应用，其他氨基酸如色氨酸、苏氨酸、精氨酸等且有工业产品，但多由国外进口，价格昂贵，尚未在生产中广泛应用。

3. 青绿饲料及干草粉　青绿饲料是鸭喜欢吃的饲料，尤其是野鸭。青绿饲料主要包括牧草类、叶菜类、水生类、根茎类等，具有来源广泛、成本低等的优点。

青绿饲料的营养特点是：干物质中蛋白质含量高，品质好；钙含量高，钙、磷比例适宜；粗纤维含量少，消化率高，适口性好；富含胡萝卜素及多种B族维生素。这些营养特点对鸭的健康和生产都很重要。青绿饲料在使用前应进行适当调制，如清洗、切碎或打浆，这有利于采食和消化。还应注意避免有毒物质的影响，如氢氰酸、亚硝酸盐、农药中毒以及寄生虫感染等。在使用过程中，应考虑植物不同生长期对养分含量及消化率的影响，适时刈割。由于青绿饲料具有季节性，为了做到常年供应，满足鸭的要求，可有选择地人工栽培一些生物学特性不同的牧草或蔬菜。

常用的栽培牧草、水生类和瓜菜类主要有以下几种：

（1）紫花苜蓿　为豆科牧草，在全国大部分地区都有栽培，种1次可利用10年左右，可春播，更适于秋播，每年刈割3～5次，每公顷产75～90吨，一般在花前期刈割，此时粗纤维含量少，粗蛋白质含量高，适口性也好。苜蓿可鲜喂，也可制成干草、干草粉与精料混合饲喂。

（2）红三叶和白三叶　为豆科牧草，在我国种植也较广泛，可春、秋播种。在现蕾前期叶多茎少，草柔嫩，品质较好，应在此时刈割。每年可刈割3～4次，每公顷产75吨左右。

（3）黑麦草　为多年生禾本科牧草，喜温暖湿润气候，宜秋播。黑麦草生长快，分蘖多，茎叶柔软光滑，品质好。一年可别刈割3～4次，每公顷产45～60吨。

（4）苦荬菜　苦荬菜鲜嫩多汁，味稍苦，适口性好，干物质中粗蛋白质含量较高。其特点是生长快，产量高，再生能力强，每年可刈割3～5次，每公顷产量可达90吨左右。

（5）聚合草　聚合草适应性和耐阴性强、利用期长、产量高，一年可刈割3～5次，每公顷产112.5～150吨。营养丰富，并富含多种维生素。主要利用其叶，但通常带有粗硬的短刚毛，饲喂鸭时应打浆使用。

（6）菊苣　菊苣叶质柔嫩，再生性好，利用期长，产量高，适应性广。一般在40厘米时刈割，每年收6～8次，每公顷产量可达300吨。

（7）水生饲料　水生饲料具有生长快、产量高，不占耕地和饲用时间长等优点，利用河流、湖泊、水库等水面种植。常见的有水花生、绿萍、水芹菜等。水生饲料水分含量高，干物质少，能量低，应与精料配合使用。

（8）瓜菜类　各种瓜菜通常作为人的蔬菜，但在冬、春缺乏青绿饲料的季节，也可切碎或打浆拌料饲喂鸭，如胡萝卜、南瓜、白菜等。瓜菜类由于水分含量较高，其喂量不宜过大，一般占精料的 5%～10%。

另外，在放牧饲养时，田间地头、河渠两岸生长的野草、野菜也是养鸭良好的饲料来源。

为了保证青绿饲料常年供应，在青绿饲料大量收割时可制成干草粉。常用的如苜蓿草粉、槐树叶粉、松针草粉。配合饲粮时，干草粉可占饲粮的 3%～5%，有利于促进鸭的生长，提高产蛋率和孵化率，同时还可使蛋黄颜色加深，尤其是家庭养鸭，青绿干草粉是冬季很好的维生素饲料。但 0～21 日龄的雏鸭因消化粗纤维能力低，应不用或少用干草粉。

4. 矿物质饲料

（1）钙、磷饲料

①钙源饲料　常用的有石灰石粉、贝壳粉、蛋壳粉，另外还有工业碳酸钙、磷酸钙及其他副产钙源饲料。石灰石粉简称石粉，为石灰岩、大理石矿综合开采的产品。主要化学成分为碳酸钙（$CaCO_3$），含钙量不低于 35%；贝壳粉由海水或淡水软体动物的外壳加工而成，其主要成分也是碳酸钙，含钙量在 34%～38%；蛋壳粉由蛋品加工厂或大型孵化场收集的蛋壳，经灭菌、干燥粉碎而成，钙含量在 30%～35%；碳酸钙俗名双飞粉，工业材料，也可用为饲料的钙源和添加剂预混料的稀释剂，含钙量较高，可达 40%。

②磷源和磷、钙源饲料　只提供磷源的矿物质饲料主要有磷酸及其盐，如磷酸二氢钠（NaH_2PO_4）和磷酸氢二钠（Na_2HPO_4）各含磷 25% 和 21%，同时，也提供 19% 和 32% 的钠。其他一些磷饲料也同时含有一定量的钙，称为钙、磷平衡饲料。骨粉是由动物杂骨经热压、脱脂、脱胶后干燥、粉碎制成的，其基本成分是磷酸钙，钙、磷比为 2∶1，是钙、磷较平衡的矿物质饲料。骨粉中含钙 30%～35%，含磷 13%～15%。未经脱脂、脱胶和灭菌的骨粉，易酸败变质，并有传播疾病的危

险，应特别注意；磷酸钙盐是由化工生产的产品或磷矿石制成。最常用的是磷酸二钙即磷酸氢钙（$CaHPO_4 \cdot 2H_2O$），还有磷酸一钙即磷酸二氢钙 [$Ca(H_2PO_4)_2 \cdot H_2O$]，它们的溶解性要好于磷酸三钙 [$Ca_3(PO_4)_2$]，动物对其中的钙、磷吸收利用率也较高。使用磷酸盐矿物质饲料要注意其氟的含量，不宜超过0.2%，否则会引起鸭中毒，甚至大批死亡。含氟量高的磷矿石应作脱氟处理。

（2）食盐　主要提供钠和氯两元素，具有刺激唾液分泌，促进消化的作用，同时还能改善饲料味道，增进食欲，维持机体细胞正常渗透压。植物性饲料中钠和氯的含量大多不足，动物性饲料中含量相对较高，由于鸭日粮中动物性饲料用量很少，故须补充食盐。一般在日粮中的添加量为0.25%～0.5%。鸭对食盐较敏感，缺乏时会出现啄食癖（如啄毛、啄肛），过多会中毒，应注意避免，特别是使用含盐分较高的饲料时，添加量应减少或不加。

（3）微量元素矿物质饲料　这类饲料虽属矿物质饲料，但在生产上常以微量元素添加剂预混料的形式添加到日粮中。主要用于补充鸭生长发育和产蛋所需的各种微量元素。常用的微量元素化合物的种类有铁、铜、锰、锌、硒和碘。

·鸭对微量元素的需要量极微，不能直接加到饲料中，而应把微量元素化合物按照一定的比例和加工工艺配合成预混料，再添加到饲粮中。目前比较流行的是研制氨基酸微量元素螯合物，如蛋氨酸锌、赖氨酸铜、甘氨酸铬，可以明显改善鸭的生长性能、增强免疫力和抗应激能力。另外，在绿色养鸭工程中，矿物质微量元素应当减少使用，相应减少排泄物中的含量，减少对环境的污染。

5. 维生素饲料　维生素制剂种类很多，同一制剂其组成及物理特性也不一样，维生素有效含量也就不一样。因此，在配制维生素预混料时，应了解所用维生素制剂的规格。常用的复合维生素制剂是由生产厂家按鸭对各种维生素的营养需求，将多种维生素原料加在载体、稀释剂、吸收剂等上，按一定工艺制备而成。

鸭对维生素的需要量受多种因素的影响，环境条件、饲料加工工艺、贮存时间、饲料组成、动物生产水平与健康状况等因素都会增大维生素的需要量，因此，维生素的实际添加量远高于饲养标准中列出的最低需要量。

一些富含维生素的青绿饲料、青干草粉等虽不属于维生素饲料，但在生产实际中被用作鸭维生素的来源，尤其是放牧饲养的鸭群，这不仅符合鸭的采食习性，节约了精饲料，而且也减少了维生素添加剂的用量，从而降低了生产成本。

6. 饲料添加剂　添加剂是指那些在常用饲料之外，为某种特殊目的而加入配合饲料中的少量或微量物质。这里所述饲料添加剂，实际上是指全部非营养性添加物质。

此类添加剂种类繁多，如生长促进剂、驱虫保健剂、防霉防腐剂、着色剂、调味剂等。非营养性添加剂不是饲料内固有的营养成分，而是外加到饲料中以提高饲料使用效率的部分。

（1）抗生素　抗生素是一些特定微生物在生长过程中的代谢产物。除用作防治疾病外，也可作为生长促进剂使用，特别是在卫生条件和管理条件不良情况下，效果更好。在育雏阶段或处于逆境如高密度饲养时，加入低剂量抗生素，可提高水禽的生产水平，改善饲料报酬，促进健康，常用的有金霉素、杆菌肽锌、多黏菌素、恩拉霉素、泰乐菌素、维吉尼霉素、北里霉素等。使用抗生素添加剂时，要特别注意长期使用和滥用抗生素产生抗药性和产品中的残留问题，要了解药物的使用和禁用范围，严格控制用量，并按规定停药。

（2）酶制剂　酶的作用是通过生化反应促进蛋白质、脂肪、淀粉和纤维素的分解，因此有提高饲料利用率和促进动物增重的作用。幼龄动物特别是初生动物，因消化道尚未发育完全，酶产量和肠道吸收能力降低，对谷实及其他植物性饲料的消化能力弱。若在幼龄动物日粮中添加适量酶制剂，有助于减少甚至逆转上述不良后果，有利于营养物质的消化吸收。目前常用的酶制剂有木聚糖酶、β-葡聚糖酶、淀粉酶、蛋白酶、纤维素酶、植酸酶和混合酶制剂等。实际生产中应根据饲料原料的种类和水禽的生长阶段选择适当的酶制剂。

（3）益生素 是一种通过改善消化道微生物平衡而产生有利于宿主的微生物饲料添加剂。它能改变肠道微生物区系，排除或控制潜在的病原菌；能产生消化酶，与体内的酶共同起作用，促进饲料消化等。添加益生素能提高水禽的增重和饲料利用率，降低发病率，减少或取代抗菌素的使用，减少鹅产品中抗生素的残留，提高产品质量，降低成本。

目前在配合饲料中所使用的活性微生物制剂的微生物种类较少，主要是乳酸菌（尤指嗜酸性乳酸菌）、粪链球菌、芽孢杆菌、酵母（尤其是酿酒酵母）。其中乳酸菌和粪链球菌在肠道中大量存在，而芽孢杆菌和酵母在肠道微生物区系中是散在性的。

（4）饲料保存剂 在高温高湿季节，饲料容易霉变，这不仅影响适口性，降低饲料的营养价值，还会引起动物中毒，因此在贮存的饲料中应添加防霉剂。在饲料中加些抗氧化剂和防霉剂可以延缓这类不良的变化。常用的抗氧化剂有乙氧基喹啉（又称乙氧喹、山道喹）、BHA（丁基羟基茴香醚）、BHT（二丁基羟基甲苯），一般用量为 $0.01\% \sim 0.02\%$；常用的防霉剂有丙酸、丙酸钠、丙酸钙、双乙酸钠，常用量为 $0.1\% \sim 0.2\%$。

（5）着色剂和调味剂 在饲料中添加香甜调味剂，有增加水禽采食量和提高饲料利用率的功效，常用的调味剂有糖精、谷氨酸钠（味精）、乳酸乙酯、柠檬酸等。在饲料中添加着色剂能提高鸭、鹅产品的商品价值，如在饲料中添加叶黄素和胡萝卜素，可使蛋黄色泽鲜艳。添加量为每吨饲料 10～20 克。

添加剂种类很多，应根据水禽不同生长发育阶段、不同生产目的、饲料组成、饲养水平与饲养方式及环境条件灵活选用。添加剂应与载体或稀释剂配合制成预混料再添加到饲粮中。

三、水禽的饲养标准与饲粮配合

当前对水禽营养需要的研究与鸡比较起来还很不深入。很多指标是借用于肉鸡或蛋鸡的测定结果或估测所得。饲料配合时应尽量采用当地资源丰富的饲料，按水禽不同生长阶段对营养需要的要求，配合出优质价廉的饲粮。以下各表仅供参考。

（一）饲养标准

我国北京鸭的营养标准（参考标准）见表 4-1。

表 4-1　北京鸭的营养标准

营养成分	0～3 周	4～6 周	7～24 周	填鸭	种鸭
代谢能（兆焦/千克）	11.72	11.72	10.88	12.13	11.72
粗蛋白（%）	20	18	15	14	19
赖氨酸（%）	1.1	0.95	0.72	1.65	0.85
蛋氨酸（%）	0.3	0.24	0.26	0.29	0.29
胱氨酸（%）	0.3	0.29	0.25	0.18	0.26
色氨酸（%）	0.27	0.26	0.24	0.22	0.24
维生素 A（国际单位/千克）	4 000	4 000	4 000	2 400	5 400
维生素 D（国际单位/千克）	220	220	220	400	500
维生素 E（毫克/千克）	6	6	3	3	8
维生素 B_2（毫克/千克）	4	4	2	2	4.5
泛酸（毫克/千克）	11	11	11	11	7
烟酸（毫克/千克）	55	55	50	50	40
吡哆醇（毫克/千克）	2.6	2.6	2.6	2.6	3
钙（%）	1	1	0.9	2	2.25
磷（%）	0.6	0.5	0.5	0.8	0.5
锰（毫克/千克）	60	60	40	10	40

英国樱桃谷肉鸭营养需要量见表4-2

表4-2 英国樱桃谷鸭营养需要量

营养成分	单位（比例）	种 鸭			商品鸭	
		起始期	生长期	产蛋期	起始期	育肥期
能量						
代谢能	兆焦/千克	12.13	11.92	11.29	12.13	12.13
脂肪	％	5	4	4	5	5
纤维素	％	3.5	4.5	4	3.5	4
蛋白质						
粗蛋白质	％	22	15.5	19.5	22	17.5
赖氨酸	％	1.2	0.7	1.1	1.2	0.85
蛋氨酸＋胱氨酸	％	0.8	0.55	0.68	0.8	0.7
维生素						
维生素 A	百万国际单位/吨	10	10	10	10	10
维生素 D_3	百万国际单位/吨	2.5	2.5	2.5	2.5	2.5
维生素 E	克/吨	50	50	50	50	50
维生素 K	克/吨	2	2	2	2	2
生物素	毫克/吨	50	25	100	50	25
烟酸	克/吨	75	50	50	75	50
泛酸	克/吨	15	5	15	15	10
维生素 B_1	克/吨	2	2	2	2	2
维生素 B_2	克/吨	10	10	10	10	10
维生素 B_6	克/吨	2	1	2	2	1
维生素 B_{12}	毫克/吨	10	10	10	10	5
叶酸	克/吨	2	2	2	2	2
胆碱	克/吨	1 500	1 500	1 500	1 500	1 500
常量元素						

（续）

营养成分	饲料类型	种鸭			商品鸭	
		起始期	生长期	产蛋期	起始期	育肥期
钙	%	1	0.9	3.5	1	0.9
有效磷	%	0.5	0.4	0.45	0.5	0.42
钠	%	0.18	0.18	0.18	0.18	0.18
微量元素						
铁	克/吨	20	20	20	20	20
钴	克/吨	1	1	1	1	1
锰	克/吨	100	100	100	100	100
铜	克/吨	10	10	10	10	10
锌	克/吨	100	100	100	100	100
碘	克/吨	2	2	2	2	2
硒	毫克/吨	250	250	250	250	250
亚油酸	%	0.75	0.75	1.1	0.75	0.75

法国番鸭的营养需求见表4-3。

表4-3 法国番鸭的营养需求

项　目	商品代				父母代									
	0~3周龄		4~12周龄		0~3周龄		4~8周龄		9~24周龄		25~26周龄		27周龄后	
	最低	最高	最低	最高	最低	最高	最低	最高	最低	最高	最低	最高	最低	最高
颗粒直径（毫米）	—	1.5	3.5	4	—	1.5	3.5	4	3.5	4	3.5	4	3.5	4
代谢能（兆焦/千克）	12.13	12.55	11.72	12.55	12.13	12.34	11.51	11.92	11.3	11.92	11.3	11.72	11.72	12.13
粗蛋白（%）	19.5	22	17	19	20	—	17	19	14	16	14	16	16.5	18
蛋氨酸（%）	0.5	—	0.4	—	0.5	—	0.4	—	0.3	—	0.3	—	0.4	—
蛋氨酸+胱氨酸（%）	0.85	—	0.7	—	0.85	—	0.7	—	0.6	—	0.6	—	0.7	—

（续）

项 目	商品代				父母代									
	0~3周龄		4~12周龄		0~3周龄		4~8周龄		9~24周龄		25~26周龄		27周龄后	
	最低	最高	最低	最高	最低	最高	最低	最高	最低	最高	最低	最高	最低	最高
赖氨酸（%）	1	—	0.8	—	1	—	0.8	—	0.65	—	0.7	—	0.8	—
苏氨酸（%）	0.75	—	0.6	—	0.75	—	0.6	—	0.45	—	0.45	—	0.6	—
色氨酸（%）	0.23	—	0.16	—	0.23	—	0.16	—	0.16	—	0.16	—	0.17	—
粗纤维（%）	—	4	—	5	—	4	—	5	—	6	—	6	—	6
脂肪（%）	—	5	—	5	—	4	—	4	—	4	—	4	—	5
矿物质（%）	6	6.5	5.5	6	—	6.5	—	6	—	7	—	7	—	11
钙（%）	1	1.2	0.9	1	1	1.2	0.8	0.9	1	1.2	1	1.2	3	3.2
有效磷（%）	0.35	0.45	0.45	0.5	0.4	0.5	0.4	0.45	0.35	0.45	0.35	0.45	0.3	0.4
总磷（%）	—		0.6	0.7	—									
维生素A（国际单位/千克）	15 000	—	15 000	—	13 500	—	13 500	—	13 500	—	15 000	—	15 000	—
维生素D（国际单位/千克）	3 000	—	3 000	—	3 000	—	3 000	—	3 000	—	3 000	—	4 000	—
维生素E（国际单位/千克）	20	—	20	—	20	—	20	—	20	—	20	—	20	—

我国蛋用鸭的营养需要量见表4-4。

表4-4 蛋用鸭的营养需要量

营养成分	0~2周龄	3~8周龄	9~18周龄	产蛋期
能量				
代谢能（兆焦/千克）	11.51	11.51	11.29	11.09
蛋白质				
粗蛋白（%）	20	18	15	18
蛋白能量比（克/兆焦）	17.38	15.65	13.28	16.24
精氨酸（%）	1.20	1.00	0.70	1.00

（续）

营养成分	0～2周龄	3～8周龄	9～18周龄	产蛋期
蛋氨酸（%）	0.40	0.30	0.25	0.33
蛋氨酸＋胱氨酸（%）	0.70	0.60	0.50	0.65
赖氨酸（%）	1.20	0.9	0.65	0.90
维生素				
维生素A（国际单位/千克）	4 000	4 000	4 000	4 000
维生素 D_3（国际单位/千克）	600	600	600	8000
维生素E（国际单位/千克）	20	20	20	20
维生素K（国际单位/千克）	2	2	2	2
硫胺素（毫克/千克）	4	4	4	2
核黄素（毫克/千克）	5	5	5	8
烟酸（毫克/千克）	60	60	60	60
吡哆醇（毫克/千克）	6.6	6	6	9
泛酸（毫克/千克）	15	15	15	15
生物素（毫克/千克）	0.1	0.1	0.1	0.1
叶酸（毫克/千克）	1.0	1.0	1.0	1.5
胆碱（毫克/千克）	1 800	1 800	1 100	1 100
维生素 B_{12}（毫克/千克）	0.01	0.01	0.01	0.01
常量元素				
钙（%）	0.9	0.8	0.8	2.5～3.5
磷（%）	0.5	0.45	0.45	0.5
钠（%）	0.15	0.15	0.15	0.15
氯（%）	0.15	0.15	0.15	0.15
钾（%）	0.25	0.25	0.25	0.25
微量元素				
镁（毫克/千克）	500	500	500	500
锰（毫克/千克）	100	100	100	100

（续）

营养成分	0～2周龄	3～8周龄	9～18周龄	产蛋期
锌（毫克/千克）	60	60	60	80
铁（毫克/千克）	80	80	80	80
铜（毫克/千克）	8	8	8	8
碘（毫克/千克）	0.6	0.6	0.6	0.6

关于鹅的饲养标准，国外研究得较多，具有一定的参考价值。我国至今尚未有自己鹅的饲养标准，多年来养鹅的饲养标准主要参照美国、法国等国家鹅的饲养标准。我国农村长期以来习惯以放牧为主，仅补饲少量谷物和糠麸。这种饲养方法虽然投资较少，但仔鹅生长慢，母鹅产蛋少，实际上养鹅的经济效益未能充分发挥出来。根据当今我国养鹅业的实际情况，养鹅发展方向仍采用放牧为主、适当补饲的饲养方法，并采用配合饲料补饲，以提高补饲饲料的质量和效益，发展养鹅生产。

国外鹅的饲养标准见表4-5至表4-7。

表4-5　美国 NRC（1994）建议的鹅的营养需要量（干物质含量90%）

营养成分	单位	0～4周龄	4周龄以上	种鹅
代谢能	（兆焦/千克）	12.13	12.55	12.13
蛋白质和氨基酸				
粗蛋白质	（%）	20	15	15
赖氨酸	（%）	1.0	0.85	0.6
蛋氨酸＋胱氨酸	（%）	0.6	0.5	0.5
常量元素				
钙	（%）	0.65	0.60	2.25
非植酸磷	（%）	0.30	0.3	0.3
脂溶性维生素				
维生素A	（国际单位/千克）	1 500	1 500	4 000

（续）

营养成分	单位	0～4周龄	4周龄以上	种鹅
维生素 D_3	（国际单位/千克）	200	200	200
水溶性维生素				
胆碱	（毫克/千克）	1 500	1 000	1 500
尼克酸	（毫克/千克）	65.0	35.0	20.0
泛酸	（毫克/千克）	15.0	10.0	10.0
核黄素	（毫克/千克）	3.8	2.5	4.0

表 4-6 美国 NRC（1994）建议的商品鹅体重及饲料耗量

周龄	平均体重（千克）	每两周耗料（千克）	总计耗料（千克）
0	0.11	0.00	0.00
2	0.82	0.96	0.96
4	2.05	2.93	3.89
6	3.05	3.2	7.09
8	4.05	4.34	11.43
10	4.85	4.68	16.11

表 4-7 澳大利亚建议的鹅营养需要

营养成分	0～4周	4～8周	8周至上市	维持饲喂	种鸭
粗蛋白质（%）	22.0	18.0	16.0	13.0	15.0
精氨酸（%）	1.15	0.98	0.84	0.57	0.66
赖氨酸（%）	1.06	0.95	0.77	0.53	0.62
蛋氨酸（%）	0.43	0.40	0.31	0.24	0.28
蛋氨酸＋胱氨酸（%）	0.78	0.66	0.57	0.45	0.52
色氨酸（%）	0.21	0.17	0.15	0.12	0.13
丝氨酸（%）	0.42	0.35	0.31	0.13	0.15
亮氨酸（%）	1.49	1.16	1.09	0.69	0.80

（续）

营养成分	0～4周	4～8周	8周至上市	维持饲喂	种鸭
异亮氨酸（％）	0.80	0.62	0.58	0.48	0.55
苯丙氨酸（％）	0.75	0.60	0.55	0.36	0.41
苯丙氨酸＋酪氨酸（％）	1.45	1.15	1.06	0.63	0.73
苏氨酸（％）	0.73	0.65	0.53	0.48	0.55
缬氨酸（％）	0.89	0.70	0.65	0.53	0.62
甘氨酸（％）	0.70	—	—	—	—
代谢能（兆焦/千克）	11.53	12.45	12.45	10.38	12.45
钙（％）	0.8	0.75	0.75	1.0	2.0
有效磷（％）	0.4	0.40	0.40	0.4	0.4
维生素A（国际单位/千克）	8 000	7 000	7 000	7 000	9 000
维生素D_3（国际单位/千克）	1 200	1 200	1 200	1 000	1 400
胆碱（毫克/千克）	1 400	1 400	1 400	1 200	1 400
核黄素（毫克/千克）	5.0	4.0	4.0	4.0	5.5
泛酸（毫克/千克）	11.0	10.0	10.0	10.0	12.0
维生素B_{12}（毫克/千克）	12.0	10.0	10.0	10.0	12.0
叶酸（毫克/千克）	0.5	0.4	0.4	0.4	0.5
生物素（毫克/千克）	0.2	0.1	0.1	0.15	0.2
烟酸（毫克/千克）	70.0	60.0	60.0	50.0	75.0
维生素K（毫克/千克）	1.5	1.5	1.5	1.5	1.5
维生素E（国际单位/千克）	12.5	10.0	10.0	7.5	15.0
维生素B_1（毫克/千克）	2.2	2.2	2.2	2.2	2.2
吡哆醇（毫克/千克）	3.0	3.0	3.0	3.0	3.0
锰（毫克/千克）	66	66	66	66	66
铁（毫克/千克）	96	96	96	96	96
铜（毫克/千克）	5	5	5	5	5
锌（毫克/千克）	60	60	60	60	60

（续）

营养成分	0～4周	4～8周	8周至上市	维持饲喂	种鸭
硒（毫克/千克）	0.15	0.10	0.10	0.1	0.1
钠（毫克/千克）	1.8	1.8	1.8	1.8	1.8
钾（毫克/千克）	2.4	2.4	2.4	2.4	2.4
碘（毫克/千克）	0.42	0.42	0.42	0.42	0.42
镁（毫克/千克）	600	600	600	600	600
氯（毫克/千克）	2.4	2.4	2.4	2.4	2.4

（二）饲粮配合

所谓饲粮配合就是按照各种鸭在各个阶段的饲养标准，选用适当的饲料原料，设计出全价的饲粮配方，再按配方的要求，把多种原料和添加成分按规定的加工工艺配制成均匀一致、营养全面的配合饲料。

1. 配合饲料的原则

（1）符合鸭的营养需要　根据鸭的不同生产类型、不同生理阶段及不同生产水平，选用适合鸭消化生理特点的饲养标准，并在饲养实践的过程中根据实际情况来进行调整。同时，饲料配合时适口性要好，同时注意饲料的体积不宜过大，以保证每天的采食量与所需食入的养分相适应。

（2）符合经济的原则　掌握本地饲料资源及价格状况，尽量选用当地的营养丰富、价格低廉、原料新鲜、品质良好的饲料原料，通过科学的饲料搭配，以发挥其最大生物学价值。

（3）符合饲料多样化、供应稳定的原则　饲料力求多样化，这应既可使各种饲料之间的营养物质相互补充，以提高饲料的利用效率，又可以保证饲料供应充足，品质稳定。如果配合饲料需要改动时，必须逐渐更换，使鸭有一个适应过程。

（4）符合国家绿色、无公害畜禽养殖的饲料标准　在按照设计的饲粮配方进行配合饲料时，首先要符合国家饲料卫生标准，这就要求在选择原料时，原料的品质必须达标；其次是符合国家绿色、无公害畜禽养殖的饲料标准，严禁使用的各种物质不能出现在饲料中，慎用或有其他具体要求的必须严格执行。

2. 饲粮配合时需要了解的参数

（1）所养鸭的在各个生长阶段、生产水平时的营养需求量（饲养标准）。

（2）可用饲料原料的营养物质含量（饲料成分表和营养价值表）。

（3）可用饲料原料的价格。

（4）各种饲料原来在鸭的配合饲料中可以占的比例范围（表4-8）。

表4-8　常用饲料原料的比例范围

配比范围 原料	禽（%）			
	育雏期	育成期	产蛋期	肉仔禽
谷实类	65	60	60	50～70
玉米	35～65	35～60	35～60	50～70
高粱	5～10	15～20	5～10	5～10
小麦	5～10	5～10	5～10	10～20
大麦	5～10	10～20	10～20	1～5
碎米	10～20	10～20	10～20	10～30
植物蛋白类	25	15	20	35
大豆饼	10～25	10～15	10～25	20～35
花生饼	2～4	2～6	5～10	2～4
棉（菜）籽饼	3～6	4～8	3～6	2～4
芝麻饼	4～8	4～8	3～6	4～8
动物蛋白类	10 以下			
麸糠类	≤5	10～30	≤5	10～20
粗饲料	优质苜蓿粉 5 左右			
青绿、青贮类	青饲料占日采食量的 10～30			
矿物质类	1.5～2.5	1～2	6～9	1～2

3. 鸭全价配合饲料的配合方法 目前各地虽然有各种类型的鸭配合饲料出售，但是还不能满足目前我国养鸭业发展的需求，并且价格相对较高。因此，对于具有一定饲养规模的养鸭专业户和大型养殖场来说，也可根据科学原理根据当地的饲料原料的情况来自行配制各种配合料，可大大降低饲料成本，提高养鸭的经济效益。

（1）饲粮配方的设计 饲粮配方设计的方法很多，采用手工计算的方法有公式法、方形法、试差法等。手工计算由于受到计算速度和方式的限制，所得配方只能满足部分营养参数的要求，难以得到最优配方。随着现代电子计算机科学技术的发展，使得采用复杂的线性规划法、多目标规划法、概率模型法来设计最优饲粮配方成为可能。采用这些方法设计饲粮配方的优点是速度快、准确，能设计出最佳饲粮配方，是饲料工业现代化的标志之一。目前，已有不少饲料厂家或畜禽养殖场采用电子计算机来完成饲粮配方设计。

（2）饲料配制 饲料配方确定之后，即可按照配方中各种饲料的配比数，准确称取各种加工粉碎好的饲料，用搅拌机或手工搅拌。在饲料的配合时，应注意以下几点：①各种组分必须充分搅拌，使其在饲粮中均匀分布。若手工搅拌，直观的检查方法是看料堆截面各类饲料是否分层。若分层还应继续拌和，通常需要轮翻5～6遍。②所用添加剂应按产品说明规定添加，因其用量很少，所以在使用时首先所加的量必须准确，其次须先用少量粉料混合后再加入混合料中充分拌匀，最后时注意添加剂的妥善保存，以防止其失效或效价降低。③浓缩料的使用和添加剂一样必须注意量和混合均匀。

4. 鹅饲料配方特点 鹅是草食禽类，比较耐粗饲。尤其是我国地方品种如狮头鹅，生长阶段以白天放牧采食天然青绿饲料和植物籽实为主；早、中、晚补饲以糠麸为主的混合饲料，精饲料用量很少。

圈养鹅，尤其是引进的肉用品种，营养需要与鸡基本相同，设计饲料配方时可参考鸡的配方选择原料，饲喂配合饲料时可搭配 30％～50％ 的青绿饲料或配入一定量的青干草粉、叶粉等。动物性饲料可选用价格比较低廉的次级鱼粉、肉骨粉等。

肥肝生产用饲料配方中 90％ 以上为玉米、稻谷等高能量饲料，其中又以玉米效果最好，仅搭配 1％～5％ 的动、植物油脂和适量的食盐、维生素、沙粒等。

表 4-9 是不同生长阶段鹅的参考饲料配方，各养殖场可根据实际情况进行改变。

表 4-9　不同生长阶段鹅的参考饲料配方

饲料名称	饲料配比（％）			营养成分	营养水平		
	雏鹅	生长鹅	种鹅		雏鹅	生长鹅	种鹅
玉米	60	63	64	代谢能（兆焦/千克）	11.92	11.72	11.46
小麦麸	5	12	3.0	粗蛋白质（％）	20.6	16.6	16.3
大豆粕	27	21.7	24.2	钙（％）	0.79	0.65	2.58
鱼粉	5	—	—	有效磷（％）	0.41	0.31	0.30
磷酸氢钙	0.7	0.9	0.9	赖氨酸（％）	1.06	0.73	0.75
石粉	0.93	10	6.5	蛋氨酸（％）	0.44	0.31	0.31
食盐	0.30	0.35	0.35	蛋氨酸+胱氨酸（％）	0.75	0.57	0.57
蛋氨酸	0.07	0.05	0.05				
复合预混料	1.0	1.0	1.0				

5. 工厂化养鹅的饲喂方式

（1）颗粒料、青饲料饲喂法　将颗粒料置于料桶上，将青饲料置于木架、板台、盆子或水面上，让鹅自由采食。青饲料一般每只鹅每天饲喂 2～4 千克。这种方法主要适用于有大量适口青饲料的饲养户，如蔬菜产区的大量老叶和大量副产品如萝卜缨，以及利用冬闲田或山坡地种植的青饲料如黑麦草、象草等。

（2）草浆养鹅　将青饲料混合打浆，再与配合粉料搅拌，每天饲喂 6 餐，最后 1 餐在晚上 10 时饲喂。选用的青饲料要避免掺有有毒植物如高粱苗、夹竹桃叶、苦楝树叶等。

（3）草粉全价颗粒料饲喂法　将草粉、苜蓿、松针、刺槐叶、花生藤等晒干或烘干，制成青绿色粉末与豆饼、玉米等配制成全价颗粒饲料，可用料盘 1 日分 4 次饲喂，也可用自动料槽或料桶终日饲喂，采用这种方法，必须有充足的清洁饮水供应。此方法有利于规模化、集约化养鹅。

（4）干拌配合粉料饲喂法　将青饲料如芭蕉茎叶、萝卜缨、鲜象草、胡萝卜、南瓜及其蔓藤等剁碎，拌上配合粉料，1 天饲喂 6 次，晚上饲喂 1 次。

第五章 鸭生产

第一节 鸭品种

一、蛋鸭优良品种

我国优良蛋鸭品种甚多，以麻鸭类为蛋鸭的主体，主要优良品种有以下几种。

1. 绍鸭 绍鸭又称山种鸭、浙江麻鸭，是我国优良的高产蛋用型麻鸭品种，产于浙江省绍兴、萧山、诸暨、上虞等县，其全称为绍兴麻鸭。

体型外貌：绍鸭属小型麻鸭，体型似琵琶，蛇头豹眼，喙长颈、细，臀部丰满，腹略下垂，站立时前躯高抬，躯干与地面成45°，体躯狭长，结构紧凑，具有理想的蛋用鸭体型。

生产性能：具有产蛋多、成熟早、体型小、适应性强、耗料省等优良特性，且既能在稻田、江河、湖泊放牧，又适于进行集约化圈养。成年母鸭体重 1.35～1.5 千克，公、母鸭无明显差别。绍鸭成熟较早，年平均产蛋量 280～310 枚。蛋壳光滑而厚实，多以白色为主，青绿色次之，无斑点。产蛋期蛋料比 1：2.8～3.0。公、母配种比例，早春为 1：20，夏秋为 1：30。绍鸭的成活率（0～4 周龄）可达 98%，产蛋期（150～500 日龄）为 96%～98%。公鸭的性成熟较母鸭迟 20～30 天，须达 6 月龄以上方可利用。绍鸭的初生重一般为 37～40 克，90 日龄时体重可达成年体重的 90% 左右。产地群众一般将公鸭养到 60 日龄左右就作为菜鸭供应市场。

2. 金定鸭　原产地在福建省龙海县紫泥乡金定村。

体型外貌：金定鸭公鸭体躯较长，胸宽背阔，喙黄绿色，虹彩褐色，腔、蹼橘红色，爪黑色；头部和颈上部羽毛具有墨绿色光泽，无明显的白色颈圈；前胸红褐色，背部灰褐色，有镜羽，具黑褐色性羽，呈卷羽状。母鸭喙古铜色，虹彩褐色，腔、蹼橘红色，通体纯麻褐色；背面体羽的羽色呈褐黄色，羽片中央具有长椭圆形褐斑。

生产性能；金定鸭初生体重公雏47.6克，母雏47.4克；成年体重，公鸭1 760克，母鸭1 780克。开产日龄100～120天，产蛋期长，高产鸭在换羽期和冬季也持续产蛋。产蛋量平均每年260～300枚，蛋重平均72.26克。95％以上为青壳蛋，蛋形指数1.45。公鸭性成熟日龄100天左右。利用年限一般公鸭1年，母鸭3年。

金定鸭母鸭与瘤头鸭公鸭杂交生产的半番鸭，产肉性能较佳，90天体重可达3千克。

3. 荆江麻鸭　产于荆江两岸。中心产区为湖北江陵、监利和沔阳县。

体型外貌：荆江麻鸭头较小，眼大而突，颈细长而灵活，肩偏狭，背平；体躯稍长而向上抬起。喙石青色，胫、蹼橙黄色。全身羽毛紧密，眼上方长有眉状白毛。母鸭头颈部羽毛多为泥黄色，背腰部羽毛以泥黄为基色，杂有黑色条斑或浅褐色底色上缀黑色条斑，群体中以浅麻雀色居多。公鸭头、颈部羽毛具翠绿色光泽，前胸、背腰部羽毛褐色，尾部浅灰色。

生产性能：荆江鸭成年体重公鸭1.4～1.6千克，母鸭稍轻。初生重39.33克，6月龄体重公鸭1 678.75克，母鸭1 503.50克。开产日龄100天左右。2～3年鸭达产蛋高峰，可利用5年。平均年产蛋量214.4个，年平均产蛋率58％，春秋季产蛋率在90％左右，冬季则较低。蛋以白壳者居多，约占76％，平均蛋重 63.5 克。青壳蛋约 24％，蛋重平均 60.62 克。蛋壳厚 0.33毫米，蛋形指数 1.40。

4. 莆田黑鸭　莆田黑鸭是中国麻鸭的黑色变种，主要分布于福建的晋江和莆田两个地区的沿海各县及福州市的琅岐、亭江、连江县的浦口等地。

体型外貌：莆田黑鸭体型轻巧、紧凑，骨骼坚实，行走迅速。全身羽毛浅黑色，着生紧密，喙墨绿色，胫、蹼、爪黑色。公鸭具性羽，头、颈部羽毛具有光泽，雄性特征明显。

生产性能：莆田黑鸭成年体重，公鸭 1 340 克，母鸭 1 680克。开产日龄 120 天左右，年产蛋量为 270～290 个，蛋重 70克，白壳蛋占多数。公、母配比 1：25，种蛋受精率 95％。蛋料比 3.84：1。

5. 连城白鸭　产于福建连城县。

体型外貌：连城白鸭体躯狭长，头小，颈细长，前胸浅，腹部下垂，觅食力强，行动灵活，神经质。体羽洁白，喙黑色，胫、蹼灰黑色，雄性具性羽 2～4 根。

生产性能：初生体重 40～44 克，1 月龄体重 250～300 克，3 月龄 1 300～1 500 克，成年体重公鸭 1.4～1.54 千克，母鸭1.3～1.4 千克。开产日龄 120～130 天，第一个产蛋年产蛋220～230 个；第二个产蛋年产蛋 250～280 个；第三个产蛋年产蛋 230 个左右，蛋重 58 克。蛋壳以白色居多，也有少数青壳蛋，蛋形指数 1.46。公鸭 180 天配种，公、母配比 1：20～25。公鸭利用年限为 1 年，母鸭 3 年，受精率 90％以上。

二、肉鸭优良品种

1. 北京鸭　北京鸭原产我国北京近郊，以玉泉山和护城河一带为主产区。它具有丰富的遗传基础，使之既可以向产肉多、脂肪低的肉用型方向培育，又可以用作母系向产蛋方向培育。美、英等国早将其列为标准品种引入本国，并作为主要育种素材，育成新的鸭种。加之北京鸭羽纯白、生长迅速、肉质优良、繁殖力强、适应性广、胴体美观等，使其被输出到世界各地，成为全球的标准肉用鸭品种。

体型外貌：北京鸭体型硕大，体躯长宽，呈长方形，头大腿短，身体强健。全身羽毛丰满、紧凑、洁白、没有杂色。眼大而深凹，虹彩灰蓝色，颈粗而中等长。胸部丰满，前胸高平，背阔，腹部深广下垂但不拖地。翅小，紧贴体躯。喙、脚、蹼呈橙黄色或橘红色。雏鸭则呈乳黄羽毛。公鸭头大，体躯方正而长，尾部有四枚上卷的雄性羽，步态雄健有力；母鸭体躯方正而宽，腹部丰满，尾尖稍呈弧形。两脚位置偏后，站立似呈垂直姿态。

生产性能：由于近年来采用家系繁殖，品系繁育，在配合力测定的基础上建成了几个配套系，使北京鸭的生产水平大有提高，成年公鸭体重 4.0～4.5 千克，成年母鸭体重 3.5～4.0 千克。母鸭开产日龄 150～170 天，500 日龄产蛋量 180～200 个，蛋重 90～100 克。蛋壳乳白色。公、母配比 1∶5，种蛋受精率 90.4%，受精卵孵化率 80%～90%，一只母鸭可年产 150 只肉鸭，1～7 周龄的成活率 85%～94%。肉仔鸭出生体重 50 克，7 周龄体重可达 3.45 千克。公、母鸭半净膛屠宰率分别为 91.62% 和 91.32%，全净膛屠宰率分别为 84.02% 与 84.43%。Z1 系北京鸭的胸、腿肌占胴体重的 29.5%，脂肪占胴体重的 35.7%，料肉比 2.70∶1。北京鸭有较好的肥肝性能，填肥 2～3 周肥肝重达 300～400 克。仔鸭经填饲育肥后，为著名佳肴烤鸭的原料。

北京鸭与任何鸭的杂交，一般都有很高的配合力与杂交优势。

2. 樱桃谷鸭　由英国林肯郡樱桃谷公司引进北京鸭和埃里斯伯里鸭为亲本经杂交育成 9 个品系：白羽系 L3、L2、M1、S2 和 S1；杂色羽系 CL3、CM1、CS3 和 CS1。经配套系选育而育成 X-11 杂交鸭。现已远销 60 多个国家和地区，是世界著名的肉用型品种。我国最早引进该品种父母代的是中外合资广东东莞鸭场；1980 年深圳引进美国培育的原种；1993 年四川绵阳市建立祖代鸭场，向全国销售父母代种鸭。

体型外貌：由于含有北京鸭血液，故酷似北京鸭外貌。全身羽毛洁白，头大额宽，鼻脊较高，喙、胫、蹼均为橙黄或橘红色。颈粗短，翅膀强健，紧贴躯干。背部宽而长，从肩到尾部稍倾斜，胸部较宽深，肌肉发达，脚粗短。

生产性能：成年公鸭体重 4.0～4.5 千克，母鸭 3.5～4.0 千克。白羽 L3 系商品鸭 47 日龄活重 3.09 千克，全净膛重 2.24 千克，料肉比 2.81∶1。父母代母鸭年产蛋 210～220 枚，年均产雏鸭 168 只。该公司近年来育成的"樱桃谷超级 M"良种肉鸭，开产周龄 26 周，开产体重 3.1 千克，在 40 周产蛋期内，平均每只母鸭产蛋 220 枚，可孵雏鸭 178 只，蛋重 80～85 千克，种蛋受精率 88.7%，孵化率 81.5%。SM 系超级肉鸭商品代饲养 7 周龄平均体重 3.3 千克，料肉比 2.6～2.8∶1，半净膛屠宰率 85.55%，全净膛屠宰率 72.55%，瘦肉率 26.2%～29.5%，是烤鸭的上等原料。

国内广泛利用樱桃谷公鸭与北京鸭、绍鸭、中型麻鸭杂交，获得了良好的配合力与杂交优势。

3. 狄高鸭　由澳大利亚狄高公司采用配套系方法，利用中国北京鸭经选育而成的优良大型肉用鸭种。我国于 1979 年由深圳光明华侨畜牧场引进。狄高鸭生长快，早熟易肥，体型大，屠宰率高，适应性强，喜干燥，栖息于山坡树阴下，只要给足饮水，能在陆地自然交配，适于圈养，故又称干地鸭。因此在广大农村、丘陵地带和缺少水面的地区，均可饲养。

体型外貌：体羽白色，雏鸭绒羽呈黄色，脱换幼羽后全身羽毛洁白。体大，头大而扁长，颈粗且长。背长阔，胸宽挺，尾稍翘，体躯前昂，后躯靠近地面，胫粗且短，喙、胫、蹼橙黄色。

生产性能：成年鸭体重一般 3.5 千克。母鸭开产日龄 160～

180 天，公、母配比 1：5。33 周龄进入产蛋高峰期，产蛋率达90%，年产蛋 180～230 枚，蛋重 85～100 克，平均连产蛋 10个，多者可达 60 个才休产 1 天，蛋壳乳白色。狄高鸭初生重达54.61 克。1 周龄时 102.81 克，2 周龄 299.22 克，3 周龄614.69 克，4 周龄 1 114.33 克，5 周龄 1 662.82 克，50 天达2.5 千克。良好条件下，56 天活重 3.5 千克，料肉比 3：1。半净膛屠宰率 92.80%～94.04%，全净膛屠宰率 79.76%～82.34%；胸肌重 273 克，腿肌重 352.3 克，腹脂重 44.65 克。商品肉鸭瘦肉率高，长羽快，雏鸭 21 天可长出大毛，45 天齐羽，具有早熟易肥，肉嫩皮脆，质优味美等特点，是烤鸭、板鸭、卤鸭的上等原料。

4. 瘤头鸭 瘤头鸭又称疣鼻栖鸭、麝香鸭，在欧洲称为火鸡鸭，在法国又称蛮鸭或巴巴里鸭，我国俗称番鸭、洋鸭或火鸭。瘤头鸭与普通家鸭不同属，属鸭科、栖鸭属，是新大陆属的唯一代表，也是驯养鸭中唯一保留就巢性的鸭种。瘤头鸭原产于南美洲和中美洲的热带地区，属善飞的森林禽种。我国饲养的瘤头鸭由海外洋舶引入，在福建至少有 250 年以上的饲养历史。在台湾、广东、江西、广西、浙江、江苏、湖南和安徽等省、自治区均有饲养。在北方饲养，冬季须舍饲保温。由于番鸭肉质细嫩，味道鲜美，蛋白质含量高达 33%～34%，被群众视为强力滋补的佳品。

体型外貌：番鸭外貌与家鸭明显不同，在嘴的基部和眼圈周围有红色或黑色的肉瘤，故名瘤头鸭。公鸭的肉瘤展延较宽。瘤头鸭的体型呈纺锤状，站立时呈水平状态。头大，颈粗稍短，喙短而狭，头部顶端有一排纵向长羽，受到刺激时竖起呈刷状。胸部宽而平，胸、腿肌肉发达，翅长达尾部，有一定飞翔能力，腹部不发达。脚短而粗壮，脚爪硬而尖，行走时步态平稳。公鸭叫声低哑，呈"唑唑"声，母鸭抱孵时常发出"唧唧"声。公鸭在繁殖季节常散发出麝香气味，故又名麝鸭。瘤头鸭的羽毛颜色有白色和黑白花，还有少数呈银灰色。常见的是背部黑色，颈下部、腹部、翅羽白色。喙红色带黑点，脚黄褐色。

生产性能：成年公番鸭体重 3～3.5 千克，母鸭 1.8～2.1 千克。母鸭开产日龄 180～210 天，一般年产蛋量 80～120 枚，高产者可达 150～160 枚。蛋重 70～80 克，蛋壳玉白色。蛋形指数 1.38～1.42，公、母配比 1：7，种公鸭利用年限 1～1.5 年，每季产蛋后即自行孵化，每羽可孵种蛋 20 个左右，孵化期 35～40 天。种蛋受精率 85%～94%，受精卵孵化率 80%～85%，初生雏重 40～42 克。番鸭的早期生长速度较快，3～10 周龄增重最快，10 周龄后增重开始减缓。公、母增重差异较大，10 周龄时公、母鸭体重分别为 2.78 千克和 1.84 千克。全净膛屠宰率公鸭为 76.3%，母鸭 77%，公、母鸭胸、腿肌占全净膛率比率分别为 29.63% 与 29.74%。料肉比 3.3：1。10～12 周龄的番鸭经填饲 2～3 周，平均产肝 300～350 克，公鸭肝重高于母鸭，肝料比为 1：30～32，较其他鸭耐填，肝大质好，等级高，在产肝的同时，体重比填前也增加 50%～70%。

番鸭行动迟钝，可水养，也可旱养，能飞翔，胆大不怕人。一般作家庭零星饲养，并可用作杂交亲本。如用人工授精技术使公番鸭与母家鸭进行属间杂交生产的半番鸭或骡鸭，具有生长快、饲料报酬高、肉质好和抗逆性强等优点。8 周龄平均体重 2 160 克。用公番鸭与母麻鸭杂交可生产泥鸭。番鸭还可与北京鸭、金定鸭进行三元杂交，生产"番北金"杂种鸭，10～12 周龄平均体重 2.24 千克，优势率为 23.78%，生长速度快于泥鸭。但因番鸭与其他家鸭不同属，因而杂交时受精率低，一般为 60% 左右。

5. 克里莫瘤头鸭　又名克里莫番鸭，由法国克里莫公司育成，已在我国四川省等地落户。

体型外貌：体型似瘤头鸭，公、母体格差异较大。有三种羽色，即白色 R51、灰色 R31、黑白 R11，都是杂交种，其体质强健，适应性强。

生产性能：成年体重，公鸭 4.9～5.3 千克，母鸭 2.7～3.1 千克，仔母鸭 10 周龄体重 2.2～2.3 千克，仔公鸭 11 周龄体重 4～42 千克。料肉比 2.7∶1。屠宰率：半净膛 82%，全净膛率 64%。开产周龄 28 周，年均产蛋 160 枚，受精率 90%，受精蛋孵化率 72%，肉仔鸭成活率 95%，包括育成期在内，每个种蛋耗料 380 克。

6. 天府肉鸭 天府肉鸭是四川农业大学近期培育成功的二系配套大型肉鸭新品系，采用建昌鸭与四川麻鸭杂交配套选育而成。具有生长速度快，饲料报酬高，胸、腿比率较高，饲养周期短，适于集约化饲养，经济效益高等优点。天府肉鸭是制作烤鸭、板鸭的上等原料。

体型外貌：天府肉鸭体格大，体质坚实紧凑，羽毛紧密，颈长头秀，胸部发达、突出。公鸭体型狭长，性羽 2～4 根，向背弯曲。母鸭腹部丰满，羽色较杂，以褐麻雀色居多，在颈下部 2/3 处有一白色颈圈，胫呈橘红色。

生产性能：天府肉鸭生长整齐度好，35 日龄和 49 日龄体重分别达到 2.31 千克和 2.84 千克，料肉比分别为 2.31∶1 与 2.84∶1，在 35～49 日龄内体重与料肉比呈极显著正相关。随着体重的增长，维持需要增加，料肉比降低。天府肉鸭上市体重是影响养鸭经济效益的重要原因之一，因而何时出栏上市是广大养殖户急切关心的问题。从屠体品质的角度推荐，以菜鸭出售，可在 4 周龄左右上市；以烤鸭和板鸭为目的，大约在 6 周龄上市为宜；用于生产分割肉，则应以 7～8 周龄较为理想。

三、肉蛋兼用型鸭种

1. 高邮鸭 产于江苏省高邮、宝应、兴化等县。

体型外貌：高邮鸭体躯呈长方形，胸深背阔肩宽，发育匀称，具典型的兼用型种鸭体型。喙豆黑色，虹彩深褐色，爪黑色。公鸭体型较大，头、颈上部的羽毛深绿色，有光泽，背、腰、胸部均为褐色芦花羽，腹羽黑色，喙青绿色，胫、蹼橘红色，母鸭颈细长，羽毛紧密，后躯发达，体羽褐色，杂有黑色细斑，呈麻雀色，胫、蹼灰褐色。雏鸭羽色为黑斗星，青喙、黑喙豆，黑线背，黑尾巴，黑胫，黑蹼，黑爪。

生产性能：生长速度较快，70日龄体重可达1.5千克，成年鸭体重，公鸭2.3～2.4千克，母鸭2.6～2.7千克。年平均产蛋量140～160枚，高产群可达180枚。平均蛋重75.9克，双黄蛋约占0.3%。蛋壳白色者居多，约占82.9%，青壳蛋占17.1%左右。蛋形指数1.43。肉质好，觅食能力强，耐粗杂食，善潜水，生长快且易肥，产蛋大，且有较多的双黄蛋，饲料报酬高。适于放牧饲养。

2. 巢湖鸭　产于安徽省巢湖附近。

体型外貌：体型中等大小，呈长方形，结构紧凑。公鸭的头、颈上部羽毛呈墨绿色，有光泽，前胸和背、腰部羽毛褐色，缀有黑色条斑，腹部白色，尾羽黑色，喙黄绿色，虹彩褐色，胫、蹼橘红色，爪黑色。母鸭体羽浅褐色，缀黑色细条纹，呈浅麻细花型，翼部有蓝绿色镜羽，眼上方有白色或浅黄色眉纹。

生产性能：成年体重，公鸭2.1～2.7千克，母鸭1.9～2.4千克。年产蛋量160～180枚，平均蛋重70克，蛋壳以白色居多，占87%，青壳蛋占13%，母鸭开产日期140～160天，公、母配比早春为1∶25，利用年限，公鸭为1年，母鸭为3～4年。肉用仔鸭70日龄活重1.5千克，90日龄活重2千克。全净膛屠宰率72.6%～73.4%，半净膛屠宰率83%～84.5%。巢湖鸭体质健壮，行动敏捷，抗逆性强，采食性能好，是制作无为熏鸭和南京板鸭的良好材料。

3. 建昌鸭　建昌鸭是肉用性能优良，以生产大肥肝著称的肉蛋兼用型麻鸭，素有"大肝鸭"的美称。产于四川省的西昌、德昌、冕宁、米易和会理等县。西昌古称建昌，因而得名。产区位于青藏高原和云贵高原之间的安宁河河谷地带，属亚热带气候。当地素有腌制板鸭，填肥取肝，食用鸭油的习俗，经过长期的选择，育成了以肉为主，肉蛋兼用的品种。

体型外貌：建昌鸭体型中等大小，体躯宽阔，头大颈粗。公鸭头、颈上部羽毛墨绿色，具光泽，颈下部 1/3 处有一白色颈圈，尾羽、性羽黑色，喙墨绿色，前胸红褐色，腹羽银灰，故有"绿头、红胸、银肚、青嘴公"之称。母鸭羽毛褐色，有深浅之分，以浅褐色麻雀羽居多，喙浅黄色。

建昌鸭中还有约 15％的白胸黑鸭，其公、母羽毛相同，前胸白色，体羽乌黑，喙、胫浅黑色。近年来，四川农业大学又从建昌鸭中分离出一个白羽品系。

生产性能：成年体重，公鸭 2.2～2.5 千克，母鸭 2～2.3千克。

（1）产蛋性能　年均产蛋量 150 枚左右，平均蛋重 72.9 克。蛋壳以青壳者居多，占 60％～70％，壳厚 0.35 厘米，蛋形指数 1.37。

公鸭性成熟日龄 120 天左右，母鸭开产日龄 150～180 天，公、母配比 1：28，受精率 90％左右，受精卵孵化率 85％左右。

（2）产肉性能　建昌鸭生长较快，初生体重 37.4 克，1 月龄体重 302.5 克，2 月龄体重达 962.5 克，3 月龄体重 1 655.8克，4 月龄公鸭重 1 844.0 克，母鸭 1 694.7 克。其相对增重高峰期出现在 8 周龄前，13 周龄后则增重急剧下降，28 周龄时接近成年体重。两用仔鸭 8 周龄活重 1.3～1.6 千克。6 月龄半净膛屠宰率公鸭为 78.9％，母鸭为 81.84％。全净膛屠宰率公鸭为72.3％，母鸭为 74.08％。6 月龄胸、腿肌总重公鸭为 327.38克，母鸭为 318.60 克。三肌占屠体重的比例，公鸭为 25.84％，母鸭为 24.27％。56 日龄肉料比为 1：3.07。

（3）产肝性能　7 月龄建昌鸭填肥 14 天平均肝重 229.24克，最大者达 455 克，肝料比为 1：23.81，填肥 21 天平均肝重

324.36 克，最重达 545 克。

4. 昆山鸭 昆山鸭又称昆山大麻鸭，系江苏省苏州地区培育的品种。采用北京鸭与当地鸭杂交，经 14 年的选育和推广，于 1978 年通过鉴定。

体型外貌：昆山鸭体型似北京鸭，头大、颈粗、体躯呈长方形，宽而且深。羽毛似母本娄门鸭。公鸭头、颈上部羽毛墨绿，有光泽，体背部和尾羽墨褐色，体侧灰褐色有芦花纹，腹部白色，翼部镜羽墨绿。母鸭全身羽毛深褐色，缀黑色麻雀斑纹，眼上方有自眉，翼部有墨绿色镜羽。昆山鸭的喙呈青绿色，胫、蹼橘红色。

生产性能：成年体重，公鸭 3.5 千克，母鸭 3 千克。开产日龄 180 天左右，年产量 140～160 个，平均蛋重 80 克左右，蛋壳乳白色，少数青色。60 日龄仔鸭体重 2.4 千克左右。

第二节　鸭的饲养管理

一、蛋鸭的饲养管理

（一）雏鸭的饲养管理

1. 雏鸭的特点 雏鸭从出壳到 4 周龄，称为雏鸭阶段。刚出壳的雏鸭对外界的适应能力较差，消化器官容积小，消化能力较差，但雏鸭相对生长极为迅速，因而要充分满足雏鸭的营养需要，同时还要根据雏鸭的生活习性，人为地创造良好的育雏条件，以让雏鸭尽快适应外界环境，为种鸭的育成或肉用仔鸭的育肥打下坚实的基础。

2. 雏鸭的养育 幼雏鸭的育雏方式可分为舍饲育雏和自温育雏两种方式。

我国南方水稻产区麻鸭为群牧饲养，采用野营自温育雏，方法独特。育雏期一般为 20 天左右，每群雏鸭数多达 1 000～2 000 只，少则 300～500 只。

由于雏鸭体质较弱，放牧觅食能力也较弱，不能远行，因此，野营自温育雏首先要选好育雏的营地。育雏营地由水围、陆围和棚子组成，水围包括水面和饲场两部分，供雏鸭白天饮浴、休息和喂料使用。水围要选择在沟渠的弯道处，高出水面50厘米左右，围内陆地喂料场铺以竹编的晒席，水围上应搭棚遮阴。陆围供雏鸭过夜使用，场地应选择在离水围近的高平处，附近设棚子供放牧人员寝食、休息、守候雏鸭使用。

雏鸭饲料往往使用半生熟的米饭（或煮熟的碎玉米），有条件的地方最好使用雏鸭颗粒饲料饲喂，喂料时将饲料均匀撒在饲场的晒席上。育雏期第一周喂料5～6次，第二周4～5次，第三周3～4次，喂料时间最好安排在放牧之前，以便雏鸭在放牧过程中有充沛的体力采食。每日放牧后，视雏鸭采食情况，适当补饲，让雏鸭吃饱过夜。

育雏期采用人工补饲为主，放牧为辅的饲养方式，放牧的次数应根据当日的天气而定，炎热天气一般早晨和下午4时左右才出牧。白天收牧时将雏鸭赶回水围休息，夜间赶回陆围过夜。育雏数量较大时，应特别加强过夜的守护，注意防止过热和受凉，野外敌害严重应加强防护。用矮竹围篱分隔雏鸭，每小格关雏20～25只，这样可使雏鸭互相以体热取暖，达到自温育雏的目的，又可防止挤压成堆，雏鸭过夜的管理十分重要，值班人员每隔2～3小时应查看一次，并将隔间内的雏鸭拔开，特别是气候变化大的夜晚要加强管理。

群鸭育雏依季节不同，养至15～20日龄，即由人工育雏转入全日放牧的育成阶段。为了使雏鸭适应采食谷粒，需要采取饥饿强制方法（只给水不给料，让雏鸭饥饿6～8小时）迫使雏鸭采食谷粒，然后转入育成期的放牧饲养。

（1）选择好放牧路线　放牧路线的选择是否恰当，直接影响放牧饲养的成本。南方水稻产区主要利用秋收后稻田中遗谷为饲料，因此，选择放牧路线的要点是根据当年一定区域内水稻栽播时间的早迟，先放早收割的稻田，逐步放牧前进。按照选定的放牧路线预计到达某一城镇时，该鸭群正好达到上市，以便及时出售。

（2）保持适当的放牧节奏　鸭群在放牧过程中的每一天均有其生活规律，在春末秋初每一天要出现3～4次采食高潮，同时也出现3～4次休息和戏水过程。清晨开始放牧的头1小时主要是浮游，接着是采食高潮，然后是休息、戏水，9～11点又采食，然后休息、戏水，下午2～3时采食，随后休息、戏水，傍晚又出现采食高潮。在秋后至初春气温低，日照时间较短，一般出现早、中、晚三次采食高潮。要根据鸭群这一生活规律，把天然饲料丰富的放牧地留作采食高潮时进行放牧，由于鸭群经过休息，体力充沛，又处于饥饿状态，进入天然饲料比较丰富的田中放牧，对饲料的选择性较低，能在短时间内吃饱，这样充分利用野生的饲料资源，又有利于鸭子的消化吸收，容易上膘。

（3）放牧群的控制　鸭子具有较强的合群性，从育雏开始到放牧训练，建立起听从放牧人员口令和放牧竿指挥的条件反射，可以把数千只鸭控制得井井有条，不致糟蹋庄稼和践踏作物。当鸭群需要转移牧地时，先要把鸭群在田中集中，然后用放牧竿从鸭群中选出10～20只作为头鸭带路，走在最前面，叫做"头竿"，余下的鸭群就会跟着上路。只要头竿、二竿控制得好，头鸭就会将鸭群有次序地带到放牧场地。放牧鸭群要注意疫苗的预防接种，还应注意农药中毒。

（二）育成鸭的饲养管理

育成期或中雏阶段是种鸭体格和生殖器官充分发育最重要的时期。此时期饲养管理的好坏直接影响到种鸭生产性能的高低，其目的是培育出体质健壮的高产鸭群，控制好种鸭的体重，做到适时开产。种鸭体重的控制方法因饲养方式不同而不同。

1. 育成鸭的舍饲饲养　幼鸭4～10周龄为中雏鸭阶段，这一阶段饲养的好坏直接影响到种鸭的质量。随着养鸭业的发展，农村土地承包到户，加上农作物栽种密度增大，以及农作物农药使用量的增加，鸭群放牧场地受到一定限制，天然的动植物饲料减少，不少养鸭户将放养转为舍饲饲养。

2. 育成期鸭的群牧饲养　雏鸭饲养至 4 周龄时，即转入全日放牧的育成阶段。长江中、下游地区，雏鸭出壳后，一般要进行公、母鸭的性别鉴定，公鸭除留作种用外，多余的公鸭达到上市体重后即作为菜鸭出售，母鸭群留作蛋鸭生产用。四川以生产肉用仔鸭为主，公、母混群放牧饲养，在 60～90 日龄，种鸭户在鸭群中选择一部分母鸭留作种鸭和一定比例的公鸭外，其余作为肉用仔鸭上市出售。

中雏鸭由于采用全放牧方式饲养，南方水稻产区主要利用秋收后稻田中的遗谷为饲料，因此，鸭群的放牧时间要与当地的水稻收割期紧密结合，以育雏期结束正好安排放牧最为理想。如果育雏期结束后，水稻尚未收割，无放牧场地进行放牧，则会增加鸭的饲料消耗。育成期结束后的蛋用母鸭转入丘陵或浅山区冬水田、溪渠放牧，并适当补饲精饲料，使鸭群迅速达到产蛋高峰。

在沿海地区和湖泊地区，可以充分利用海滩涂地和湖泊中的动植物饲料进行育成鸭的放牧饲养。放牧前鸭群要注意预防接种，特别要注意防止农药中毒现象的发生。

3. 育成期的饲养管理　作为种用的中雏鸭，育雏期结束后应进行一次选择，应将体重不够标准的淘汰，转入生产群饲养。8～10 周龄时进行第二次选择，凡是羽毛生长迟缓、体型不良、体重不够标准的转入填鸭或肉鸭生产使用。中雏鸭处于换羽期，鸭群食欲不正常，应加强饲养管理。在 120～160 日龄期间，要防止鸭群过早产蛋。

160 日龄以后应适当增加粗蛋白质水平，代谢能也要逐渐增加，但粗蛋白质水平的增加不能太快、太猛。日粮中粗蛋白质水平可提高到 15%～16%，每昼夜喂料 3 次，至 180 日龄时开始陆续产蛋，产蛋 1 个月左右，蛋重即可达到种蛋要求。

（三）产蛋期的饲养管理

1. 放牧种鸭的饲养管理　合理管理放牧种鸭的目的在于节约饲料和保持较高的产蛋水平。我国南方麻鸭一般每年有两个产蛋高峰期，一是 2～6 月份，另一个是 9～11 月份，以春季产蛋高峰期更为突出，在两个产蛋高峰期过后有 1～2 个月产蛋缓慢下降阶段，母鸭在产蛋高峰期产蛋率高达 90％，故应根据放牧采食情况进行适当补饲。在秧苗转青前，母鸭在池塘、溪渠、湖泊中放牧，一般难于满足产蛋的营养需要，应特别注意加强补饲。水稻收割后，可减少补饲或不补饲。产蛋鸭胆小易惊，每次放牧路线不应变动太突然，在寒冷天气，应迎风放牧，避免风掀鸭羽，并且要适当控制鸭群放牧行走速度。在盛夏和隆冬，母鸭虽处于寡蛋期，但此时放牧地饲料少，为了保持母鸭适当的体况，应适当补饲谷物等能量饲料。

2. 产蛋期种鸭饲养的管理要点

（1）根据产蛋率调整日粮营养水平　产蛋初期（产蛋率50％以下）日粮蛋白质水平一般控制在 15％～16％即可满足产蛋鸭的营养需要，以不超过 17％为宜；进入产蛋高峰期（产蛋率70％以上）时，日粮中粗蛋白质水平应增加到 19％～20％，如果日粮中必需氨基酸比较平衡，蛋白质水平控制在 17％～18％也能保持较高的产蛋水平。母鸭开产后 3～4 周后即可达到产蛋高峰期，在饲养管理较好的情况下，产蛋高峰期可维持12～15 周。如何保持和延长母鸭的产蛋高峰期，对于提高全年产蛋量和种蛋质量具有重要的意义。

（2）保持适宜的公、母配种比例　是提高种蛋受精率的重要措施。公鸭过多，公鸭相互间发生争配、抢配等现象，造成母鸭的伤残，影响种蛋受精率。放牧种鸭公、母配种比例应根据种鸭体重的大小来掌握。轻型品种适宜的公、母比例为 1∶10～20，中型品种一般为 1∶8～12。

（3）在母鸭开产前 1 个月左右应增加饲料的喂料量，放牧回家后要喂饱，使母鸭能饱嗉过夜。这样母鸭开产时产蛋整齐，能较快进入产蛋高峰。

（4）种鸭交配次数最多是在清晨和傍晚，已开产的种鸭早晚放牧时要让鸭群在水流平缓的沟渠、溪河、水塘洗浴、嬉水、配种，这样可提高种蛋的受精率。

（5）母鸭开产后，放牧时不要急赶、惊吓，不能走陡坡陡坎，以防母鸭受伤造成母鸭难产。

产蛋期种鸭通过前期的调教饲养，形成的放牧、采食、休息等生活规律，要保持相对稳定，不能经常更改。饲料原料的种类和光照作息时间也应保持相对稳定，如突然改变都会引起产蛋下降。产蛋鸭一般在深夜 1～5 时大量产蛋。此时夜深人静，没有吵扰，可安静地产蛋。如此时周围环境有响动、人的进出、老鼠及鸟兽窜出窜进，则会引起鸭子骚乱，惊群，影响产蛋。

（6）在栽插秧苗后一段时间内，种鸭不能下田放牧，常采用圈养方式饲养，此时应特别加强补饲，否则会造成鸭群产蛋量的大幅度下降，以后增加喂料量也难于达到高产的水平。

（7）圈舍垫料要保持干燥清洁，以减少种蛋的破损和脏蛋，提高种蛋的合格率。

（四）商品蛋鸭的生产

1. 商品蛋鸭生产的特点　由于消费习惯的影响，我国商品蛋鸭的生产具有明显的地域性，我国蛋鸭的分布主要集中于长江中下游和沿海省、自治区。在水网和湖泊地区多采用带有给饲场和水围的开放式简易鸭舍大群饲养蛋鸭；在沿海地区利用滩涂放牧；在深丘和山区多利用深水田和溪渠小群放牧方式饲养蛋鸭。

商品蛋鸭采用放牧方式饲养，充分利用天然饲料，节省饲养成本，因此，鸭的放牧对母鸭的产蛋量有很大的影响，与养鸭的经济效益有直接关系。近年来随着农林生产经营体制的改变，放牧场地受到限制，蛋鸭饲养数量不断增多，我国的商品蛋鸭目前多采用圈养方式饲养，可提高劳动效率，饲养规模较大，经济效益较高。

2. 商品蛋鸭的饲养管理

（1）圈养场地的基本要求　　圈养需要在靠近水源附近、地势干燥的地方建立鸭舍，要求舍内光线充足，通风良好，方位以朝南或东南方向为宜，这样则冬暖夏凉。饲养密度以舍内面积每平方米 5～6 只计算。在鸭舍前面应有一片比舍内大约 20％ 的鸭滩，供鸭吃食和休息，也是鸭群上岸、下水之处，连接水面和运动场，其坡度一般为 20°～30°，坡度不宜过大，做到既平坦又不积水，以方便鸭群活动。水上运动场应有一定深度而又无污染的活水。

（2）饲养管理要点　　蛋鸭富于神经质，在日常的饲养管理中切忌使鸭群受到突然的惊吓和干扰，受惊后鸭群容易发生拥挤、飞扑等不安现象，导致产蛋量的减少或软壳蛋的增加。

蛋鸭的开产时间因品种不同差异较大，饲养管理中要根据不同的品种掌握好其适宜的开产时间，开产时间过早过迟均会影响产蛋量。商品蛋鸭饲养到 90～100 日龄时，鸭群发育日趋成熟，体重达到 1.3～1.5 千克，羽毛长齐，富有光泽，叫声洪亮，举动活泼，如果有这种表现的母鸭占多数时，可使用初产蛋鸭料，逐步增加精饲料的喂料量。

在日粮配合时，要保证饲料品种的多样化和相对稳定，并根据不同的产蛋水平和气候条件，配制不同营养水平的全价饲料，以满足鸭产蛋的营养需要。夏季由于气温高，鸭的采食量减少，为保证蛋鸭产蛋的营养需要，可适当增加饲料中蛋白质含量，降低日粮能量水平。

选择放牧地要靠近水源，以供鸭饮用和戏水。因此，可选择田地、沼泽地、湖泊边和海涂地。田地放牧要与农作物的耕种、收获相结合。湖泊边、沼泽地放牧可根据野生动植物生长发育情况结合田地放牧。海涂地放牧要根据潮涨潮落进行放牧。一般潮落后才放牧，鸭可采食潮水冲到沙堆地里的小动物。海涂地放牧要有淡水源供鸭子饮用、洗浴。海涂地放牧鸭子采食的多是动物性饲料，蛋白质含量高，要适当结合田地放牧或人工补给植物性饲料。

根据气温的变化，控制好舍内的温度、湿度。在夏季注意通风，防止舍内闷热，冬季注意舍内的保暖，舍内温度以控制在5℃以上为宜。鸭群每日上岸后应在运动场内停留15～20分钟，让其梳理羽毛，待羽毛干后放入鸭舍内，以保持舍内垫草的干燥。在日常管理中，还应加强夜间的巡查工作，以防止敌害的侵袭，注意四季的不同管理特点。

3. 影响产蛋的因素

（1）品种因素　不同的蛋鸭品种其产蛋率的高低、产蛋周期的长短、蛋的大小等指标有差异。为了获得高产，首先要选择优良的蛋用鸭品种。

（2）雏鸭的质量　雏鸭要求体质健康、健壮，脐部收缩良好，无伤残，外貌特征符合品种要求。作为商品蛋鸭生产的要全留母鸭，雏鸭出壳后及时进行公、母性别鉴别，淘汰公鸭。

（3）营养因素　产蛋鸭的饲料要求营养全面平衡，否则影响产蛋率或发生营养缺乏症。维生素 E 缺乏时蛋鸭产蛋率、受精率下降。维生素 D 直接参与饲料中钙、磷的吸收，钙是蛋壳的主要成分，如缺钙母鸭产蛋量减少，出现产软壳蛋。

（4）环境因素　产蛋鸭最适宜的环境温度是 13～20℃。这个温度范围内，产蛋鸭对饲料的利用率和产蛋率最高。如果气温超过30℃，蛋鸭散热慢，热量在体内蓄积，正常的生理机能受到干扰，食欲下降，产蛋减少，甚至会中暑死亡。而气温过低，产蛋鸭要消耗大量的能量抵御寒冷，饲料利用率降低。0℃以下蛋鸭反应迟钝，产蛋显著下降。受季节气候的影响，环境温度变化较大。一般通过通风、挡风和垫料发酵等措施来控制鸭舍内的温度。光照可促进鸭生殖器官的发育，使青年鸭适时开产，提高产蛋率。产蛋期的光照强度以 5～8 勒克斯为宜，光照时间保持在 16～17 小时。

（5）健康因素　要使蛋鸭发挥出最大的生产能力，必须有健康的鸭群。鸭场要建立完善的消毒和防疫措施，严格实行鸭场卫生管理制度。搞好环境卫生，做好主要传染病的防疫工作，减少疾病发生的机会。

二、肉鸭的饲养管理

根据商品肉鸭的生理和生长发育特点，饲养管理一般分为雏鸭期（0～3 周龄）和生长育肥期（22 日龄至上市）两个阶段。

（一）雏鸭期的饲养管理要点

1. 育雏前的准备

（1）育雏室的维修　进雏之前，应及时维修破损的门窗、墙壁、通风孔、网板等。采用地面育雏的应准备好足够的垫料。准备好分群用的挡板、饲槽、水槽或饮水器等育雏用具。

（2）清洗消毒　育雏室的清洗消毒和环境净化是鸭场综合防治中最重要的卫生消毒措施。育雏之前，先将室内地面、网板及育雏用具清洗干净、晾干。墙壁、天花板或顶棚用 10%～20% 的石灰乳粉刷，注意表面残留的石灰乳应清除干净。饲槽、水槽或饮水器等冲洗干净后放在消毒液中浸泡半天，然后清洗干净。

（3）环境净化　在进行育雏室内消毒的同时，对育雏室周围道路和生产区出入口等进行环境消毒净化，切断病源。在生产区出入口设一消毒池，以便于饲养管理人员进出消毒。

（4）制订育雏计划　育雏计划应根据所饲养鸭的品种、进鸭数量、时间等而确定。首先要根据育雏的数量，安排好育雏室的使用面积，也可根据育雏室的大小来确定育雏的数量。建立育雏记录等制度，包括进雏时间、进雏数量、育雏期的成活率等记录指标。

2. 育雏的必备条件　
育雏的好坏直接关系到雏鸭的成活率、健康状况、将来的生产性能和种用价值。因此，必须为雏鸭创造良好的环境条件，以培育出成活率高、生长发育良好的鸭群，发挥出最大的生产潜力。育雏的环境条件主要包括以下几方面：

（1）温度 在育雏条件中，以育雏温度对雏鸭的影响最大，直接影响到雏鸭体温调节、饮水、采食以及饲料的消化吸收。在生产实践中，育雏温度的掌握应根据雏鸭的活动状态来判断。温度过高时，雏鸭远离热源，张口喘气，烦躁不安，分布在室内门窗附近，温度过高容易造成雏鸭体质软弱及抵抗力下降等现象；温度过低时，雏鸭打堆、互相挤压，影响雏鸭的开食、饮水，并且容易造成伤亡；在适宜的育雏温度条件下，雏鸭三五成群，食后静卧而无声，分布均匀。

（2）湿度 湿度对雏鸭生长发育影响较大，刚出壳的雏鸭体内含水 70% 左右，同时又处在环境温度较高的条件下，湿度过低，往往引起雏鸭轻度脱水，影响健康和生长。当湿度过高时，霉菌及其他病原微生物大量繁殖，容易引起雏鸭发病。舍内湿度第一周以 60% 为宜，有利于雏鸭卵黄的吸收，随后由于雏鸭排泄物的增多，应随着日龄的增长降低湿度。

（3）密度 饲养密度是指每平方米的面积上所饲养的雏鸭数。密度过大，会造成相互拥挤，体质较弱的雏鸭常吃不到料，饮不到水，致使生长发育受阻，影响增重和群体的整齐度，同时也容易引起疾病的发生。密度过低房舍利用率不高，增加饲养成本。较理想的饲养密度可参考表 5 - 1。

表 5 - 1 雏鸭的饲养密度 （只/米²）

周龄	地面垫料饲养	网上饲养
1	15～20	25～30
2	10～15	15～25
3	7～10	10～15

（4）通气 通气的目的在于排出室内污浊的空气，更换新鲜空气，并调节室内温度和湿度。雏鸭生长速度快，新陈代谢旺

盛，随呼吸排出大量二氧化碳；雏鸭的消化道短，食物在消化道内停留时间较短，粪便中约有20%～30%的尚未被利用的物质，粪便中的氨气和被污染的垫料在室内高温、高湿、微生物的作用下产生大量的有害气体，严重影响雏鸭的健康。如果室内氨气浓度过高，则会造成抵抗力的下降，羽毛零乱，发育停滞，严重者会引起死亡，育雏室内氨气的浓度一般允许10厘米^3/米^3，不超过20厘米^3/米^3；二氧化碳含量要求在0.2%以下。一般，人进入育雏室不感到臭味和无刺眼的感觉，则表明育雏室内氨气的含量在允许范围内。如进入育雏室即感觉到臭味大，有刺眼的感觉，表明舍内氨气的含量超过允许范围，应及时通风换气。

（5）光照　为使雏鸭能尽早熟悉环境、尽快开食和饮水，一般第1周采用24小时或23小时光照。如果作为种鸭雏鸭，则应从第2周起逐渐减少夜间光照时间，直到14日龄时过渡到自然光照。

3. 育雏设备　育雏设备视饲养方式而定。可由保姆伞、电热管、电热板（远红线板）、红外线灯或烟道供温。

（1）电热伞形育雏器　这种育雏器使用电力加热。伞罩用层板或金属铝薄板制成，夹层填充玻璃纤维等隔热材料，以利保温。在伞罩内的下缘周围安装一圈电热丝（200～300瓦），外面加铁丝网防护罩，以防雏鸭触电。也可在伞罩内上部安装远红外线加热器供热。伞的最下缘每10厘米空隙，钉上锯齿形的厚布条，既利于保温，又方便雏鸭进出。每台保温伞可养雏鸭200～250只。电热伞形育雏器的优点是管理方便，育雏室内换气良好，适宜于电源稳定的地区使用。

（2）红外线灯育雏　红外线灯具有发热量高等特点，因此可利用来加温。在地面育雏或网上育雏都可使用。常用的红外线灯为250瓦。第1周时灯泡离地面35～45厘米，可根据雏鸭日龄的增加和室温高低调节灯泡离地高度。红外线灯泡加温的优点是保温稳定，室内干净，垫草干燥，管理方便，但耗电量较大，灯泡易损坏，无电源或电源不稳定的地方不宜采用。

（3）烟道式育雏 烟道式育雏的热源来自烧煤，烟道烧热后可使育雏室温度升高，为雏鸭提供温度。烟道可分为地下烟道、地上烟道和火墙式烟道等多种。地下烟道烟道在地下，地面无障碍物，清扫方便，而且地面干燥温暖，雏鸭感到舒适。不足之处是传热较慢，耗煤较多；地面烟道升温快，但育雏面积缩小，管理上不太方便。烟道式育雏容量大，成本低，适宜于产煤地区或无电源地区使用。

4. 雏鸭的选择和分群饲养 初生雏鸭质量的好坏直接影响到雏鸭的生长发育及上市的整齐度。因此，对商品雏鸭要进行选择，将健雏和弱雏分开饲养，这在商品肉鸭生产中十分重要。健雏的选留标准：健雏是指同一日龄内大批出壳的、大小均匀、体重符合品种要求，绒毛整洁，富有光泽，腹部大小适中，脐部收缩良好，眼大有神，行动灵活，抓在手中挣扎有力，体质健壮的雏鸭。

将腹部膨大，脐部突出，晚出壳的弱雏单独饲养，加上精心的饲养管理，仍可生长良好。

5. 雏鸭日粮 雏鸭阶段体重的相对生长率较高，在2~3周龄相对生长率达到高峰。据四川农业大学家禽研究室测定，天府肉鸭商品鸭出壳重 54.7 克，1 周龄体重 187.7 克，2 周龄为 571.8 克，3 周龄为 1101.5 克。大型肉鸭由于早期生长速度特别快，对日粮营养水平的要求特别高。雏鸭日粮可参照大型肉鸭营养需要标准配制，粗蛋白质含量应达 22% 左右，并要求各种必需氨基酸达到规定的含量，且比例适宜。钙、磷的含量及比例也应达到规定的标准。

6. 尽早饮水和开食 大型肉用仔鸭早期生长特别迅速，应尽早饮水开食，有利于雏鸭的生长发育，锻炼雏鸭的消化道，开食过晚体力消耗过大，失水过多而变得虚弱。一般采用直径为2~3毫米的颗粒料开食，第 1 天可把饲料撒在塑料布上，以便雏鸭学会吃食，做到随吃随撒，第二天后就可改用料盘或料槽喂料。雏鸭进入育雏舍后，就应供给充足的饮水，头三天可在饮水中加入复合维生素（1克/升），并且饮水器（槽）可离雏鸭近些，便于雏鸭饮水，随着雏鸭日龄的增加，饮水器应远离雏鸭。

7. 饮喂方法和次数　饲喂方法有粉料和颗粒料两种形式。粉料先用水先拌湿，可增进食欲，但粉料容易被踏紧，开食比较困难，还要人工将粉料弄松，以便雏鸭采食，浪费较大，每次投料不宜太多，否则易引起饲料的变质、变味。在有条件的地方，使用颗粒料效果比较好，可减少浪费。实践证明，饲喂颗粒料可促进雏鸭生长，提高饲料转化率。雏鸭自由采食，在食槽或料盘内应保持昼夜均有饲料，做到少喂勤添，随吃随给，保证饲槽内常有料，余料又不过多。

8. 其他管理　1周龄以后可用水槽供给饮水，每100只雏鸭需要1米长的水槽。水槽的高度应随鸭子大小来调节，水槽上沿应略高于鸭背或同高，以免雏鸭吃水困难或爬入水槽内打湿绒毛。水槽每天清洗一次，3～5天消毒一次。料槽中不应堆置太多的饲料，以防饲料霉变。

（二）生长—育肥期鸭的饲养管理要点

1. 生理特点　商品肉鸭22日龄后进入生长—育肥期。此时鸭对外界环境的适应能力比雏鸭期强，死亡率低，食欲旺盛，采食量大，生长快，体躯大而健壮。由于鸭的采食量增多，饲料中粗蛋白质含量可适当降低，仍可满足鸭体重增长的营养需要，从而达到良好的增重效果。

2. 饲养方式　由于鸭体躯较大，其饲养方式多为地面饲养。因环境的突然变化，常易产生应激反应，因此，在转群之前应停料3～4小时。随着鸭体躯的增大，应适当降低饲养密度。适宜的饲养密度为：4周龄7～8只/米^2，5周龄6～7只/米^2，6周龄5～6只/米^2。

3. 喂料及喂水　采食量增大，应注意添加饲料，但食槽内余料又不能过多。饮水的管理也特别重要，应随时保持有清洁的饮水，特别是在夏季，白天气温较高，采食量减少，应加强早晚的管理，此时天气凉爽，鸭子采食的积极性很高，不能断水。

4. 垫料的管理　由于采食量增多，其排泄物也增多，应加强舍内和运动场的清洁卫生管理，每日定期打扫，及时清除粪便，保持舍内干燥，防止垫料潮湿。

5. 上市日龄　不同地区或不同加工目的所要求的肉鸭上市体重不一样，因此，上市日龄的选择要根据销售对象来确定。肉鸭一旦达到上市体重应尽快出售。商品肉鸭一般6周龄活重达到2.5千克以上，7周龄可达3千克以上，饲料转化率以6周龄最高。因此，42~45日龄为其理想的上市日龄。但此时肉鸭胸肌较薄，胸肌的丰满程度明显低于8周龄，如果用于分割肉生产，则以8周龄上市最为理想。

第三节　番鸭的饲养管理

我国饲养的番鸭，在劳动人民长期饲养下，已驯化成为适应我国南方生活环境的良种肉用鸭。番鸭虽有飞翔能力，但性情温驯，行动笨重，不喜在水中长时间游泳，极适于陆地舍饲，故福建、江西、台湾、广东、广西、浙江、湖南等地均大量繁殖饲养。

公番鸭与母家鸭杂交所生的第一代，无繁殖力，叫做"半番鸭"或"菜鸭"。这种杂交鸭体格健壮，适于放牧，增重快，皮下脂肪很薄，腹脂少，瘦肉率高，肥肝性能优良，耐粗放饲养。因此，番鸭不仅本身可供肉用，而且为生产半番鸭提供种公鸭。

番鸭与家鸭的生活习性及其种质特性有相当的区别，因而饲养管理技术不尽相同。

一、育雏期的饲养管理要点

1. 保温脱温 番鸭苗由于体脂极少，对温度特别敏感，必须保温。其温度要求如下：1～3 日龄 32℃，4～7 日龄 30℃，7～14 日龄 28℃，14～21 日龄 26℃，21～30 日龄 24℃。保温后脱温 1 周。逐渐不再加热，或加大通风，直到完全达到外界环境温度为止。雏鸭爱挤在一堆相互取暖，应时常用手拨开，以防压死或闷死。垫草要勤换，以防潮湿引起脚病。

2. 雏鸭出壳后 8～12 小时，就有觅食的表现，雏鸭于喂食前 2～3 小时，应先饮水，可在饮水中按每千克水加入 1 克复合维生素，这样有助于清除肠粪，预防干热、刺激食欲及缓解应激反应。在喂水时注意水盆或水槽中水深不能超过 2 厘米，以免弄湿羽毛受凉。

3. 整个育雏期均让其自由采食，可使用小鸭前期颗粒料饲喂，代谢能 12.18 兆焦/千克，粗蛋白质 22％。每天喂料 5～6 次，随着雏鸭日龄的增加，应逐渐增加喂料量。在饲料中添加土霉素 150～200 克/千克。

4. 密度 1 周龄 10～15 只/米^2，2 周龄 8～10 只/米^2，3～4 周龄 5 只/米^2。

5. 通风 1 周龄内可不考虑通风，1 周龄后必须通风，降低氨气、硫化氢等有害气体和避免潮湿。

6. 光照 24 小时光照，不能低于 5 勒克斯。

二、育成期的饲养管理要点

由于番鸭具有特殊的补偿生长的能力，国外采取控制饲养（或称节制给食）的方法，公鸭从 7～8 周龄开始，母鸭从 6～7 周龄开始，一种是按自由采食量的 95％喂给，即减少 5％的饲料，不影响生长，料肉比可提高 5％～10％，这种叫轻度控制方法；另一种是按自由采食量的 80％喂给，生长速度有所减慢，料肉比不增加，胸、腿肌无明显改变，但屠体脂肪明显减少。故目前认为，在雏番鸭的生长后期，降低光照度，按自由采食量的90％～95％喂料，即采取轻度控制饲养的方法，可改善屠体品质，提高饲料报酬。

1. 公、母分群饲养　番鸭异性间差别较大，3 周龄以后，公、母的体重差异达 505 克左右，公鸭性情粗暴，抢食强横，如公、母混群饲养，若按公鸭的要求，则造成浪费；若按母鸭的要求，则影响公鸭的生长或使部分母鸭受到压制。正确的方法是从初生雏进行性别鉴定，公、母分群饲养。

2. 切喙防止啄羽　番鸭啄羽一般发生在 4～5 周龄和 6～7 周龄，预防的办法主要是喂给丰富的含硫氨基酸饲料；控制正确的饲养密度；采取适当的光照度，缩短光照时间；此外，可在2～3 周龄时进行一次切喙，以防啄羽。

切喙最好用鸭子专用的切喙器，或用剪刀代替，切喙前先将剪子烧灼，在鸭喙豆的中部切。去为防止出血，切喙前喂少量维生素 K。番鸭的爪子很锋利，为便于饲养时操作，防止鸭子互相追逐时踩压抓伤，改善屠体外观，也可以同时进行断爪。

三、种番鸭的饲养管理

1. 种鸭的选择　公番鸭应选择肌肉发达，体质健壮，羽毛光滑，体重大小适中，外貌符合品种特征的个体。母鸭应挑选羽毛细密而光亮，体躯紧凑而呈椭圆形的。颈、喙较短的善于觅食，抓在手上有反抗力的母鸭宜留作种用。

2. 公、母配比　自然交配按公、母 1∶7 的比例放入公鸭，如进行人工授精，可按公、母 1∶10 的比例留足公鸭。公鸭的年龄应比母鸭大 1 个月。公、母鸭前期分群饲养，至 22 周龄时将公鸭放入母鸭群中，互相适应熟识后，有助于提高受精率。

3. 种鸭的利用期　公鸭只利用一年；母鸭可利用 2～3 年，第 4 年必须淘汰，因母番鸭随年龄增大，就巢性很强，产蛋力下降。国外母番鸭只利用两个产蛋期，第 1 期有 22 周（5 个月），产蛋高峰出现在开产后的第 7～13 周。第一产蛋期结束后进行人工强制换羽，约需 13 周（3 个月）。接着第二个产蛋期，约 22 周，然后淘汰，此时母番鸭的肉用价值尚好。

4. 种鸭舍的要求 种鸭舍要求保温性能好，地面保持干燥，可补充光照，有产蛋巢箱，运动场上有配种池。番鸭耐热能力强于耐寒能力，所以夏季对产蛋率没有影响，而低温对产蛋影响很大，室温低于 15℃时，受精率就要降低。因此，在建造种鸭舍时，要重视保温性能。

鸭舍的地面可采用一半垫草，一半用栅栏或网。垫草有利于种鸭产蛋和生活，但不容易保持清洁和干燥。用栅栏（或增塑网，网孔方形，直径 1.5～2 厘米）离地饲养，可保持鸭舍干燥，但长期生活在条子上，容易造成腿趾疾病。

鸭舍在靠边墙一面设置产蛋巢，高和宽各 0.28 米，长 0.35 米。每 6 只母鸭准备一个产蛋巢。巢底铺木屑或切短的垫草。

鸭舍的大小按每平方米关种鸭 3～4 只计（根据品种的大小而定），每群不超过 500 只，每一单间 30 米^{2}左右。

5. 种鸭的饲料和饲养 种鸭的饲料分产蛋期和休产期饲料两种。产蛋期的饲料营养水平高一些，每千克含代谢能 11.30～11.72 兆焦，含粗蛋白质 16%～17%，休产期饲料能量不变，粗蛋白质降为 14.5%。配制成的粉料，最好加工成直径 5 毫米的颗粒饲料，任其自由采食。母鸭每日耗料量 120～130 克，公鸭每日耗料量 200 克左右。种鸭产蛋期，舍内须另加无机盐盆，添置沙砾和牡蛎壳，任其自由采食。

番鸭最爱吃蚯蚓、昆虫等动物性饲料，适当增喂这类饲料，仔鸭增长快，母鸭开产早产蛋多。

6. 种鸭的管理

（1）光照 光照和温度对母鸭的产蛋影响最大，一般从 26 周龄开始补充光照，每周照明时间增加 15 分钟，直至达到 16 小时不再增加。补充光照用普通白炽灯泡，光照度按每平方米15~20勒。补充光照结束后，只要在走廊上留暗灯照明即可，亮度比一般鸭舍更弱些。

（2）保持一定舍温　据观察，番鸭在我国长江以南各地饲养，冬季很少产蛋，而夏季对产蛋影响不大。因此，保持鸭舍内的温度，尽可能不低于15℃，是提高种鸭产蛋率的关键。缺乏人工加温设备的鸭舍，冬季要关闭门窗，堵塞东、西、北三面的通气洞，北窗外加塑料夹层。适当增加单位面积的饲养量，提高饲养密度，聚集鸭体本身散发的热量以提高舍内温度，饮水尽量用温水。缩短在运动场上的放牧时间，晴天出太阳之后，气温升高时，将鸭放到外面活动，遇到下雪、下雨或大风天气，停止放鸭。

（3）勤加垫草，保持鸭舍清洁干燥　番鸭怕脏怕冷，舍（蛋巢）内要勤换垫草，保持清洁干燥，冬季尤应注意，因饲养密度提高后，垫草污秽、湿度增大，勤换清洁干燥的垫草，对保持舍温，提高产蛋率作用很大。

（4）产蛋巢的位置要固定　番鸭有定位产蛋的习惯，如家庭分散饲养，蛋巢不要随便移动，否则会产地蛋（搬动位置必须待一窝蛋产完以后进行）。产蛋初期，蛋巢内的蛋每天要留1~2个，不要捡净。

（5）创造安静、稳定环境　母番鸭性情温驯，平常很少争斗，但产蛋时（产蛋大多在上午7~9时）和孵化伏巢期间，警惕性很高，陌生人不能走近，以免产生应激；公鸭的性情较暴烈，常在抢食时发生斗殴，自卫能力强，陌生人干扰时，会与人对抗。因此，必须保持饲养环境的安静。为避免公鸭之间的斗殴，饲槽和饮水器要均匀地分散放置，这对提高产蛋率和受精率都有作用。

（6）种公鸭的饲养管理　种公鸭养到6月龄，体重达2.5~3千克，有"呸呸"叫声的，标志将到性成熟，应立即上笼，分别饲养，以防相互打架，造成伤害。

公鸭夏季特别怕热，夏季应每天下水 1～2 次，冬季应每隔 2～3 天也下水一次，以保持羽毛整洁。据古田和漳州个别养鸭户介绍，配种的公鸭补喂少量枸杞可以提高受精率，补喂红糖、猪油拌糠饭，可以保持旺盛的配种能力。配种期间还要控制适当的配种次数，在正常情况下，以每天早晚各一次为宜。

四、半番鸭（骡鸭）的生产

番鸭与普通家鸭之间进行的杂交，是不同属、不同种之间的远缘杂交，所得的杂交后代虽有较大的杂交优势，但一般没有生殖能力，故称为骡鸭或叫半番鸭。

骡鸭的主要特点是性情温驯，耐粗饲，增重快而肉质好，适于填肥，能生产优质肥肝，填肥时间短，饲料省，生产费用低。近年来，国内外发展都很快。

骡鸭的饲养方法与一般肉鸭相似。

1. 杂交方式　杂交组合分正交（公番鸭×母家鸭）和反交（公家鸭×母番鸭）两种，以正交效果好，这是由于用家鸭作母本，产蛋多，繁殖率高，雏鸭成本低，杂交鸭公、母生长速度差异不大，12 周龄平均体重可达 3.5～4 千克。如用番鸭作母本，产蛋少，雏鸭成本高，杂交鸭公、母体重差异大，12 周龄时，杂交公鸭可达 3.5～4 千克，母鸭只有 2 千克，因此，在半番鸭的生产中，反交方式不宜采用。

杂交母本最好选天府肉鸭、樱桃谷肉鸭等大型肉鸭配套系的母本品系，繁殖率高，生产的骡鸭体型大，生长快。

2. 配种形式　一般都采用自然交配，每一小群 25～30 只母鸭，放 6～8 只公鸭，公、母配比 1∶4 左右。公番鸭应在育成期（20 周龄前）放入母鸭群中，提前互相熟识，先适应一个阶段，性成熟后才能互相交配。增加公鸭只数，缩小公、母配比和提前放入公鸭，是提高受精率的重要方法。

正常生产骡鸭，必须采用人工授精技术，番鸭人工授精技术是成功与否的关键。用于人工采精的种公鸭必须是易与人接近的个体。过度神经质的公鸭往往无法采精，这类个体应于培育过程中仔细鉴别，予以淘汰。种公鸭实施单独培育，与母番鸭分开饲养。公番鸭适宜采精时间 27～47 周龄，最适采精时期为 30～45 周龄，低于 27 周龄或超过 47 周龄，精液质量低劣。

骡鸭的营养需要见表 5-2。

表 5-2　骡鸭的营养需要

营养成分	生长前期（0～3 周龄）	生长后期（4～10 周龄）
粗蛋白质（%）	18	15
代谢能（兆焦/千克）	11.715	12.133
钙（%）	0.7	0.75
总磷（%）	0.65	0.65
有效磷（%）	0.4	0.40
食盐（%）	0.4	0.40
锌（%）	50	65
锰（%）	50	60
硒（%）	0.15	0.15
精氨酸（%）	1.08	0.9
赖氨酸（%）	1.06	0.85
含硫氨基酸（%）	0.65	0.54
色氨酸（%）	0.23	0.20
亮氨酸（%）	1.26	1.05
异亮氨酸（%）	0.63	0.53

（续）

营养成分	生长前期（0～3 周龄）	生长后期（4～10 周龄）
缬氨酸（%）	0.78	0.65
维生素 A（国际单位）	8 000	7 000
维生素 D_3（国际单位）	1 200	1 200
维生素 E（国际单位）	12.5	10
尼克酸（毫克）	50.0	45
泛酸（毫克）	11.0	10
胆碱（毫克）	1 000	1 000

第六章 鹅 生 产

第一节 优良鹅品种

一、地方性鹅种

（一）小型鹅种

1. 太湖鹅 原产于长江三角洲的太湖地区。全身羽毛洁白，偶尔眼梢、头颈部、腰背部出现少量灰褐色羽毛。喙、胫、蹼、爪白色。肉瘤淡黄色。咽袋不明显，公、母差异不大。雏鹅全身乳黄色，喙、胫、蹼橘黄色。

初生重为 91.2 克。成年体重公鹅为 4.5 千克左右，母鸭为 3.5 千克。屠宰测定：仔鹅半净膛为 78.6%，全净膛为 64%；成年公鹅半净膛为 85%，母鸭为 79%，全净膛公鹅为 76%，母鹅为 69%。开产日龄为 160 天，年产蛋约 60 枚，高产鹅可达 80～90 枚。蛋重 135.3 克，壳白色，蛋形指数 1.44。公、母配种比例 1∶6～7，种蛋受精率 90% 以上。

2. 豁眼鹅 原产于山东莱阳，分布于辽宁、吉林及黑龙江等地。体型轻小紧凑，头中等大小，额前有表面光滑的肉瘤。眼呈三角形，上眼睑有一疤状缺口，额下偶有咽袋。体躯蛋圆形，背平宽，胸满而突出。喙、肉瘤、胫、蹼均为橘红色，羽毛白色。

初生重公鹅 70～77.7 克，母鹅 68.4～78.5 克；成年体重公鹅为 3.7～4.5 千克，母鹅为 3.5～4.3 千克。屠宰测定：全净膛公鹅为 70.3％～72.6％，母鹅为 69.3％～71.2％。开产日龄 180 天，年产蛋 130～160 枚，蛋重为 120～130 克，壳白色。蛋形指数 1.41～1.48，壳厚 0.45～0.51 毫米。公、母配种比例 1：6～7，种蛋受精率为 85％左右。

3. 籽鹅　籽鹅集中产区为黑龙江省绥化和松花江地区。其中以肇东、肇源、肇州等县最多，黑龙江省各地均有分布。吉林省农安县一带也有籽鹅分布。籽鹅因产蛋多而得名，是世界上少有的产蛋量高的鹅种。籽鹅全身羽毛白色，一般有顶心毛，肉瘤较小。体型轻小，紧凑，略呈长圆形。有咽袋，但较小。喙、胫、蹼皆为橙黄色，虹彩灰色。

成年公鹅约 4.5 千克，母鹅约 3.5 千克。60 日龄公鹅体重约 3.0 千克，母鹅 2.8 千克。70 日龄半净膛屠宰率 78.02～80.19％，全净膛屠宰率 69.47％～71.30％。母鹅开产日龄为 180～210 天。公、母配种比例 1：5～7。年产蛋量达 100 个以上。平均蛋重 131.3 克，蛋壳白色。种蛋受精率 85％以上，受精蛋孵化率 90％左右。

（二）中型鹅种

1. 四川白鹅　主产于四川省温江、乐山、宜宾、永川和达县等地。体型中等，全身羽毛洁白、紧密；喙、胫、蹼橘红色；虹彩灰蓝色。公鹅体型稍大，头颈较粗，体躯稍长，额部有一呈半圆形的肉瘤；母鹅头清秀，颈细长，肉瘤不明显。

初生重为 71.1 克；60 日龄重为 2 476.5 克，平均日增重为 40.1 克；90 日龄重为 3 518.9 克，平均日增重为 34.8 克。成年公鹅平均体重为 4.36～5.00 千克，母鹅为 4.31～4.90 千克。年平均产蛋量为 60～80 枚，平均蛋重为 146.3 克，蛋壳白色。公、母配种比例为 1：3～4。种蛋受精率 85％以上。

2. 皖西白鹅　主产于安徽省的皖西山区及河南省的固始县。体型中等，全身羽毛洁白，头顶有橘黄色肉瘤，圆而光滑无皱褶；喙橘黄色，喙端色较淡，胫、蹼均为橘红色，爪白色。公鹅肉瘤大而突出，颈粗长有力；母鹅颈较细短，腹部轻微下垂。

初生重为 92.3 克；30 日龄仔鹅为 1.5 千克；60 日龄为 3～3.5 千克；90 日龄为 4.5 千克；成年体重公鹅为 6 120 克，母鹅为 5 560 克。屠宰测定：公鹅半净膛为 78%，全净膛为 70%；母鹅半净膛为 80%，全净膛为 72%。开产日龄为 180 天左右，年产蛋 25 枚，平均蛋重为 142.2 克，蛋壳白色，蛋形指数 1.47。一只鹅产绒 349 克。公、母配种比例 1：4～5，种蛋受精率为 88% 以上。

3. 浙东白鹅 主产于浙江省东部的丰化、象化、定海等县。体型中等，结构紧凑，体躯长方形和长尖形两种，全身羽毛白色；额部有肉瘤，颈细长、腿粗壮。喙、蹼幼时橘黄色，成年后橘红色；爪为玉白色。成年公鹅肉瘤高大，眼睛明亮，尾羽短而上翘，体格雄伟，鸣声高亢，有较强的自卫性能；成年母鹅颈细长，尾羽平伸，臀部宽大丰满，行动敏捷，鸣声响亮，性情温和。

初生重 105 克；成年重公鹅为 5 044 克，母鹅为 3 985 克。屠宰测定：70 日龄半净膛为 81.1%，全净膛为 72%。开产日龄 140～150 天，年产蛋 40 枚左右，平均蛋重为 149.1 克，壳白色。公、母配种比例 1：10，种蛋受精率为 90% 以上。

4. 武冈铜鹅 武冈铜鹅原产于湖南省武冈市，按其毛色分为纯白和浅灰色两种，体型椭圆，颈部细长，后躯发达，后腹生有单或双肉袋，嘴和蹼均呈铜色，叫声洪亮，音似铜锣，故而得名。

体型中等，体态呈椭圆形。颈较细长，羽色全白，头上有黄色肉瘤，喙橘黄色，蹼呈青灰色，趾黑色。初生重为 94.5 克；成年体重公鹅为 5.24 千克，母鹅为 4.41 千克；屠宰测定：成年半净膛公鹅为 86.16%，母鹅为 87.46%；全净膛公鹅为 79.64%，母鹅为 79.11%。185 天开产，年产蛋 30～45 枚，蛋重为 160 克左右，蛋壳乳白色，蛋形指数 1.38。公、母配种比例 1∶4～5，种蛋受精率约 85%。

5. 马岗鹅　马岗鹅原产于广东省开平市马岗乡。其头羽、背羽、翼羽和尾羽均为灰黑色、颈背有一条黑色鬃状羽毛，胸羽灰棕色，腹羽白色、喙、肉瘤、蹠、蹼均为黑色，虹彩棕黄色。头长，喙宽、颈较粗长，体躯呈长方形，蹠长适中、蹼宽大。

成年公鹅平均 5.45 千克，母鹅 4.75 千克。母鹅一般控制在 140～150 日龄开产，在一般饲养条件下，母鹅年产蛋 4 窝，产蛋 34～35 枚，在良好饲养条件和半人工孵化条件下，母鹅年产蛋 5 窝，产蛋可达 38～40 枚，平均蛋重 168.5 克，蛋壳白色。母鹅就巢性强，每产 1 窝蛋后就巢 1 次，全年达 4～5 次，总日数达 70～100 天。种鹅群的公、母比例一般为 1∶5～6，种鹅利用年限 5～6 年。肉鹅在一般饲养条件下，90 日龄体重达 3.5～4 千克；在以混合料舍饲的条件下，63 日龄平均体重达 3.2 千克，饲料耗用比为 1∶2.45。屠宰 9 周龄未经育肥的肉鹅，公鹅平均重 3.9 千克，半净膛率 89.7%，全净膛率 76.2%；母鹅平均重 2.8 千克，半净膛率 88.1%，全净膛率 77%。

6. 溆浦鹅　溆浦鹅产于湖南省溆浦县溆水流域。我国南方许多省份均有饲养，其中心产区是湖南溆水县。溆浦鹅是我国肥肝性能优良的鹅种之一。

溆浦鹅体型高大，体质紧凑结实，属中型鹅种。公鹅肉瘤发达，颈细长呈弓形；母鹅体型稍小，后躯丰满，呈卵圆形，腹部下垂，有腹褶，群体中约有 20% 的鹅有顶心毛。溆浦鹅有灰、白两种羽色，白羽鹅约占总数的 57.5%，灰羽鹅占 34.3%。灰鹅的颈、背、尾部羽毛为灰褐色，腹部白色；喙黑色，肉瘤表面光滑，呈灰黑色；胫、蹼橘红色，虹彩蓝灰色；白鹅全身羽毛白色，喙、肉瘤、胫、蹼呈橘黄色，虹彩蓝灰色。

成年体重公鹅 6.0～6.5 千克，母鹅 5～6 千克；仔鹅 60 日龄体重 3.0～3.5 千克，半净膛屠宰率在 88% 左右，全净膛屠宰率约 80%。溆浦鹅性成熟较早，一般 180 日龄达性成熟，常控制在 200～210 天开产。产蛋季节集中在秋末和初春两期，每期可产蛋 8～12 个，一般年产蛋 2～3 期，年产蛋 30 个左右；平均蛋重 212.5 克；蛋壳多为白色，少数为淡青色。

7. 雁鹅 雁鹅是中国灰色鹅品种的典型。雁鹅产于安徽省西部的六安地区，主要分布于霍邱、寿县、六安、舒城、肥西等县。原产地的雁鹅逐渐向东南迁移，现在安徽的宣城、郎溪、广德一带和江苏西南的丘陵地区成了雁鹅新的饲养中心，通常称为"灰色四季鹅"。

雁鹅体型较大，体质结实，全身羽毛紧贴。头部圆形略方，额上部有黑色肉瘤，质地柔软，呈桃形或半球形向上方突出；喙黑色、扁阔；胫、蹼多数为橘黄色，个别有黑斑，爪黑色；颈细长，胸深广，背宽平，有腹褶。

成年体重公鹅 5.5～6.0 千克，母鹅 4.7～5.2 千克。70 日龄上市的肉用仔鹅体重 3.5～4 千克；半净膛屠宰率为 84%，全净膛屠宰率为 72% 左右。

公鹅 150 日龄达到性成熟。雁鹅的性行为有明显的季节性。据观察，成年公鹅在 5 月下旬性行为明显下降，6 月中旬至 8 月底基本没有求偶交配表现。母鹅在繁殖季节求偶交配，其他季节一般不接受交配。公、母配比 1：5，种蛋受精率 85% 以上，受精蛋孵化率 80% 左右。母鹅一般控制在 210～240 日龄开产。年产蛋量 25～35 个。平均蛋重 150 克，蛋壳白色。产地群众说，雁鹅母鹅 1 个月下蛋，1 个月孵仔，1 个月复壮，1 个季节 1 个循环，故把雁鹅称为"四季鹅"。

8. 扬州鹅 主产于江苏省高邮市、仪征市及其邗江区，目前已推广至江苏全省及上海、山东、安徽、河南、湖南、广西等地。扬州鹅是我国首次利用国内鹅种资源育成的新品种，是理想的中型鹅种。在扬州大学畜牧兽医学院赵万里教授的主持下，扬州大学畜牧兽医学院和原市多种经营管理局（现为农业局）开始用生长快、产蛋多、无就巢性的隆昌鹅与肉质好、产蛋多、无就巢性的太湖鹅以及皖西白鹅进行杂交试验、配合力的测定，选择比较优良的组合进行反交、回交，再筛选一个最佳组合，进行世代选育而成。

扬州鹅头中等大小，高昂。前额有半球形肉瘤，瘤明显，呈橘黄色。颈匀称，粗细、长短适中。体躯方圆、紧凑。羽毛洁白、绒质较好，偶见眼梢或头顶或腰背部有少量灰褐色羽毛的个体。公鹅比母鹅体型略大，体格雄壮，母鹅清秀。雏鹅全身乳黄色，喙、胫、蹼橘红色。

扬州鹅初生 94 克；70 日龄 3 450 克；成年公鹅 5 570 克，母鹅 4 170 克。70 日龄公鹅平均半净膛屠宰率 77.30%，母鹅 76.50%；70 日龄公鹅平均全净膛屠宰率 68%，母鹅 67.70%，平均开产日龄 218 天。平均年产蛋 72 枚，平均蛋重 140 克。蛋壳白色。公、母鹅配种比例 1∶6～7。平均种蛋受精率 91%，平均受精蛋孵化率 88%。公、母鹅利用年限 2～3 年。

（三）大型鹅种

狮头鹅原产于广东省饶平县。属大型品种，体躯呈方形。头大颈粗，前躯高，头部前额肉瘤发达，向前突出，肉瘤黑色，额下咽袋发达，一直延伸到颈部。喙黑色，胫、蹼橙红色，有黑斑。皮肤米黄色或乳白色。全身背部羽毛、前胸羽毛及翼羽均为棕褐色。腹部的羽毛白色或灰白色。

初生重公鹅为 134 克，母鹅为 133 克；成年体重公鹅为 8 850克，母鹅为 7 860 克。屠宰测定：70～90 日龄未经育肥鹅体重 5.8 千克，半净膛公鹅为 81.9%，母鹅为 84.2%；全净膛公鹅为 71.9%；母鹅为 72.4%。开产日龄为 150～180 天，第一产蛋年产 24 枚，蛋重为 176.3 克，壳乳白色，蛋形指数 1.48。两岁以上年产 28 枚，蛋重为 217.2 克，蛋形指数 1.53。公、母配种比例 1∶5～6，种蛋受精率为 69%～79%。

二、国外引进品种

1. 莱茵鹅

（1）产地与分布　原产于德国莱茵州，是欧洲产蛋量最高的鹅种，现广泛分布于欧洲各国。我国江苏省南京市畜牧兽医站种鹅场于 1989 年从法国引进莱茵鹅，在江苏兴化、高邮、金湖、洪泽、丹徒、建湖、六合、江浦、江宁、金坛、丹阳等县、市均有分布。

（2）外貌特征　体型中等偏小。初生雏背面羽毛为灰褐色，从 2 周龄到 6 周龄，逐渐转变为白色，成年时全身羽毛洁白。喙、胫、蹼呈橘黄色。头上无肉瘤，颈粗短。

（3）生产性能

①产蛋性能　年产蛋量为 50～60 枚，平均蛋重 150～190 克。

②生长速度与产肉性能　成年公鹅体重 5 000～6 000 克，母鹅 4 500～5 000 克。仔鹅 8 周龄活重可达 4 200～4 300 克，料肉比为 2.5～3.0：1，莱茵鹅能适应大群舍饲，是理想的肉用鹅种。但产肝性能较差，平均肝重 276 克。

③繁殖性能　母鹅开产日龄为 210～240 天。公、母鹅配种比例 1：3～4，种蛋平均受精率 74.9%，受精蛋孵化率 80%～85%。

2. 朗德鹅

（1）产地与分布　又称西南灰鹅，原产于法国西南部靠比斯开湾的郎德省，是世界著名的肥肝专用品种。

（2）外貌特征　毛色灰褐，在颈、背都接近黑色，在胸部毛色较浅，呈银灰色，到腹下部则呈白色。也有部分白羽个体或灰白杂色个体。通常情况下，灰羽的羽毛较松，白羽的羽毛紧贴，喙橘黄色，胫、蹼为肉色。灰羽在喙尖部有一浅色部分。

（3）生产性能

①产蛋性能　母鹅一般在 2～6 月龄产蛋，年平均产蛋 35～

40 枚，平均蛋重 180～200 克。

②生长速度与产肉、产肝、产绒性能　成年公鹅体重 7 000～8 000 克，成年母鹅体重 6 000～7 000 克。8 周龄仔鹅活重可达 4 500 克左右。肉用仔鹅经填肥后，活重达到 10 000～11 000克，肥肝重量达 700～800 克。朗德鹅对人工拔毛耐受性强，羽绒产量在每年拔毛 2 次的情况下，可达 350～450 克。

③繁殖性能　性成熟期约 180 天，种蛋受精率不高，仅 65％左右，母鹅有较强的就巢性。

3. 图卢兹鹅

（1）产地与分布　又称茜蒙鹅，是世界上体型最大的鹅种，19 世纪初由灰雁驯化选育而成。原产于法国南部的图卢兹市郊区，主要分布于法国西南部。后传入英国、美国等国家。

（2）外貌特征　体型大，羽毛丰满，具有重型鹅的特征。头大、喙尖、颈粗，中等长度，体躯呈水平状态，胸部宽深，腿短而粗。颌下有皮肤下垂形成的咽袋，腹下有腹褶，咽袋与腹褶均发达。羽毛灰色，着生蓬松，头部灰色，颈背深灰，胸部浅灰，腹部白色。翼部羽深灰色带浅色镶边，尾羽灰白色。喙橘黄色，腿橘红色。眼深褐色或红褐色。

（3）生产性能

①产蛋性能　年产蛋量 30～40 枚，平均蛋重 170～200 克，蛋壳呈乳白色。

②生长速度与产肉性能　成年公鹅体重 12 000～14 000 克，母鹅 9 000～10 000 克，60 日龄仔鹅平均体重为 3 900 克。产肉多，但肌肉纤维较粗，肉质欠佳。易沉积脂肪，用于生产肥肝和鹅油，强制填肥每只鹅平均肥肝重可达 1 000 克以上，最大肥肝重达 1 800 克。

③繁殖性能　母鹅开产日龄为 305 天。公鹅性欲较强，有22％的公鹅和40％的母鹅是单配偶，受精率低，仅 65％～75％，公、母鹅配种比例 1：1～2，1 只母鹅 1 年只能繁殖 10 多只雏

鹅。就巢性不强，平均就巢数量约占全群的 20%。

第二节　鹅的饲养管理

一、雏鹅的饲养管理

从出壳到 28 日龄为雏鹅的育雏期，雏鹅的培育是养鹅生产中一个重要的生产环节。此期间饲养管理的重点是培育出生长发育快、体质健壮、成活率高的雏鹅，发挥出鹅的最大生产潜力，提高养鹅生产的经济效益。

（一）育雏前的准备

育雏之前，应先对育雏室内外进行彻底清扫并消毒，育雏室和育雏用具可用新洁尔灭喷雾消毒，墙壁可用 10%～20% 的生石灰喷洒消毒，喷洒后应关闭门窗 1 小时以上，然后打开，使空气流通。育雏用具也可用 2% 的氢氧化钠溶液喷洒或洗涤，然后清洗干净。育雏室出入处应设消毒池，进入育雏室人员随时进行消毒，严防病菌带入。进雏前对育雏室进行全面检查，检查育雏室的门窗、墙壁、地板等是否完好，如有破损，要及时进行修补；室内要灭鼠，并堵塞鼠洞；准备好育雏用具，如竹筐、塑料布、竹围、料槽（盘）、饮水器等，在育雏前应洗干净，晒干备用。同时也应准备好育雏用的保温设备，包括竹筐、保温伞、红外线灯泡、纸箱、饲料、垫料（稻草、锯木或刨花）以及水槽等。检查育室的保温条件，并在育雏前 1～2 天试温。

（二）育雏环境条件

1. 温度　适宜的温度是提高育雏成活率的关键因素之一，因为育雏温度和雏鹅的体温调节、采食、饮水、活动以及饲料的消化吸收等有密切的关系。由于雏鹅体温低，自身调节体温的能力较弱，饲养过程中必须要人工提供适宜的温度。育雏温度的高低、保温期的长短，因品种、季节、日龄和雏鹅的强弱而异，一般须保温 2～3 周，北方或冬春季保温期稍长，南方或夏秋季节可适当缩短保温期。适宜的育雏温度是 1～5 日龄时为 28～27℃，6～10 日龄时为 26～25℃，11～15 日龄时为 24～22℃，16～20 日龄时为 22～20℃，20 日龄以后为 18℃。

育雏温度是否合适，除看温度计和通过人的感觉器官估测掌握外，还可根据雏鹅的活动及表现来判断温度高低。温度过高时，雏鹅远离热源，叫声高而短，张口喘气，呼吸加快，行动不安，背部羽毛潮湿，饮水频繁，采食量减少；温度低时，雏鹅靠近热源，或互相拥挤成团，绒毛直立，躯体蜷缩，不时发出尖锐的叫声，雏鹅采食、饮水不良，弱雏增多，严重时造成大量的雏鹅被压伤、踩死；温度适宜时，雏鹅活泼好动，食欲旺盛，分布均匀，呼吸平和，睡眠安静，彼此靠近，但无打堆现象。因此育雏人员要根据雏鹅对温度反应的动态及时调整育雏温度。在育雏期间温度必须平稳下降，切忌忽高忽低急剧变化。

保温结束时的脱温应非常慎重，要做到逐渐脱温，特别当气温突然下降时，不要急于脱温而应适当补温。

2. 湿度 鹅虽属于水禽，但干燥的舍内环境对雏鹅的生长、发育和疾病预防至关重要。在低温高湿情况下，雏鹅散热过多而感到寒冷，易引起感冒等呼吸道疾病和下痢、扎堆，增加僵鹅、残次鹅和死亡数，这是导致育雏成活率下降的主要原因。在高温高湿时，雏鹅体热散发不出去，容易引起"出汗"，食欲减少，抗病力下降，同时病原微生物的大量繁殖，这是发病率增加的主要原因。育雏期间湿度的具体要求是 0～10 日龄时，相对湿度为 60%～65%，11～21 日龄时为 65%～70%。育雏舍适当的通风，可以把舍内潮湿的空气排出，有利于保持育雏舍的干燥。地面垫料育雏时，一定要做好垫料的管理工作，避免饮水外溢，潮湿垫料要及时更换，可降低舍内湿度，防止垫料潮湿、发霉。

3. 光照 育雏期间，一般要保持较长的光照时间，这有利于雏鹅熟悉环境，增加运动，便于雏鹅采食、饮水，满足其生长的营养需求。1～3 日龄 24 小时光照，以后每 2 天减少 1 小时，至 4 周龄时采用自然光照。光照强度 0～7 日龄每 15 米² 用 1 只 40 瓦灯泡，8～14 日龄换用 25 瓦灯泡。高度距鹅背部 2 米左右。

4. 通风　雏鹅的生长速度快，体温较高，呼吸快，新陈代谢旺盛，需要大量的氧气，在代谢过程中，雏鹅要排出大量的二氧化碳，同时，鹅粪便、垫料发酵也会产生大量的氨气和硫化氢等有害气体，刺激眼、鼻和呼吸道，影响雏鹅正常生长发育。因此，育雏舍内必须有通风设备，经常对雏鹅舍进行通风换气，保持舍内空气新鲜。夏、秋季节，通风换气工作比较容易进行，打开门窗即可完成。冬、春季节，通风换气和室内保温容易发生矛盾，因此在通风前，首先要使舍内温度升高 2～3℃，然后逐渐打开门窗或换气扇，但要避免冷空气直接吹到鹅体。通风时间多安排在中午前后，避开早晚气温低时间。

5. 饲养密度　雏鹅生长发育极为迅速，随着日龄的增长，体格增大，活动的面积也增大，因此，在育雏期间应注意及时调整饲养密度，并按雏鹅体质强弱，个体大小，及时分群饲养，有利于提高群体的整齐度。实践证明，雏鹅的饲养密度与雏鹅的运动、室内空气的新鲜与否以及室内温度有密切的关系。密度过大，雏鹅生长发育受阻，甚至出现啄羽等恶癖；密度过小，则降低育雏室的利用率。适宜的饲养密度可参考表 6-1。

表 6-1　适宜的雏鹅饲养密度（只/米²）

类型	1 周龄	2 周龄	3 周龄	4 周龄
中、小型鹅种	15～20	10～15	6～10	5～6
大型鹅种	12～15	8～10	5～8	4～5

（三）饲养管理措施

1. 日粮配合　雏鹅的饲料包括精料、青料、矿物质、维生素、添加剂等。刚出壳的雏鹅消化能力较弱，可喂给蛋白质含量高、容易消化的饲料。采用全价配合日粮饲喂雏鹅，有条件的地方最好使用颗粒饲料（直径为 2.5 毫米）。实践证明，颗粒饲料的适口性好，增重速度快，成活率高，饲喂效果好。随着雏鹅日龄的增加，逐渐减少补饲精料，增加优质青饲料的使用量，并逐渐延长放牧时间。

2. 饮水 又叫潮口，即出壳后的雏鹅第一次饮水。雏鹅出壳时，腹腔内未利用完的卵黄，可维持雏鹅 90 多小时的生命，但卵黄的利用需要水分，如果喂水太迟，造成机体失水，出现干爪鹅，将严重影响雏鹅的生长发育。雏鹅的饮水最好使用小型饮水器，或使用水盆、水盘，但不宜过大，盘中水深度不超过 1 厘米，以雏鹅绒毛不湿为原则。雏鹅出壳后由于运输和环境的变化，最好在 1～3 日龄雏鹅的饮水中加入复合维生素（每千克水中加 1 克）。

3. 适时开食 雏鹅第一次吃料，叫开食。雏鹅出壳后 12～24 小时内应让其采食，初生雏鹅及时开食，有利于提高雏鹅成活率。可将饲料撒在浅食盘或塑料布上，让其啄食。如用颗粒料开食，应将粒料磨破，以便雏鹅的采食。刚开始时，可将少量饲料撒在幼雏的身上，以引起其啄食的欲望；每隔 2～3 小时可人为驱赶雏鹅采食。由于雏鹅消化道容积小，喂料量应做到"少喂勤添"。随着雏鹅日龄的增长，可逐渐增加青绿饲料或青菜叶的喂量，可以单独饲喂，但应切成细丝状。

4. 饲喂次数和方法 1 周龄内，一般每天喂料 6～9 次，约每 3 小时喂料 1 次；第 2 周时，雏鹅的体力有所增强，一次采食量增大，可减少到每天喂料 5～6 次，其中夜里喂 2 次。喂料时可以把精料和青料分开，先喂精料后喂青料，则可防止雏鹅专挑青料吃，而少吃精料，满足雏鹅的营养需要。随着雏鹅放牧能力的加强，可适当减少饲喂次数。

5. 放牧 雏鹅的适时放牧，有利于增强雏鹅适应外界环境的能力，强健体质。春季育雏，4～5 日龄起可开始放牧，选择晴朗无风的日子，喂料后放在育雏室附近平坦的嫩草地上活动，让其自由采食青草。开始放牧的时间要短，随着雏鹅日龄的增加，逐渐延长室外活动时间，放牧时赶鹅要慢。放牧要与放水相结合，放牧地要有水源或靠近水源，将雏鹅赶到浅水处让其自由下水、戏水，既可促进体内的新陈代谢代谢，使其长骨骼、肌肉、羽毛，增强体质，又利于使羽毛清洁，提高抗病力，切忌将雏鹅强迫赶入水中。

开始放牧放水的日龄视气候情况及雏鹅的健康状况而定。夏季可提前1～2天，冬季则宜推迟。放牧的时间和距离随日龄的增长而增加，以锻炼雏鹅的体质和觅食能力，逐渐过渡到以放牧为主，减少精料的补饲，降低饲养成本。

二、肉用仔鹅的饲养管理

（一）肉用仔鹅的生理特点

雏鹅育雏期结束后，5～10周龄或12周龄为中雏鹅。雏鹅经过舍饲育雏和放牧锻炼，消化道容积较雏鹅阶段大，消化能力较强，对外界环境的适应能力及抵抗能力增强。此阶段是骨骼、肌肉、羽毛生长最快的时期。此期的饲养管理特点是以放牧为主、补饲为辅，充分利用放牧条件，加强锻炼，促进机体的新陈代谢，促进肉用仔鹅快速生长，适时达到上市体重，在相同补饲日粮水平条件下，肉用仔鹅采用放牧补饲饲养的生长速度和经济效益优于舍饲饲养。

（二）肉用仔鹅的放牧饲养

肉用仔鹅的饲养一般有放牧饲养、放牧与舍饲相结合和舍饲饲养三种方式，我国大多数养鹅户采用放牧饲养。在中雏鹅放牧饲养早期，因日龄较小，正处于体格发育阶段，需要充足的营养物质。因此，放牧时选择的牧地要有充足的青绿饲料，牧草应较嫩，富有营养。并在放牧的同时补饲一些全价的配合日粮，促进鹅体的生长发育，特别是促进骨骼发育。鹅的放牧饲养不仅使鹅获得多种多样营养丰富的青绿饲料，充分利用我国丰富的草地资源，而且满足鹅觅食青草的生活习性和生理需要，可节省大量的精饲料。

放牧时间随日龄增加而延长，直至过渡到全天放牧。一般40日龄左右可每天放牧4～6小时，50日龄左右可进行全天放牧。具体放牧时间长短，可根据鹅群状况、气候及青绿饲料等情况而定。一般可在放牧前和放牧后进行补饲精料，注意放牧前喂七八成饱，收牧后喂饱过夜。补饲次数和补饲量应根据日龄、增重速度、牧草质量等情况而定。随着肉鹅日龄的增加，补饲量应逐渐减少。

（三）肉用仔鹅的放牧管理

1. 放牧鹅群的大小　　放牧鹅群的大小控制得是否恰当，直接影响到鹅群的生长发育和群体整齐度，如果放牧场地较窄，青绿饲料较少，鹅群又过大，必定影响鹅的生长发育，补饲量增加，增加养鹅的成本。因此，一定要根据放牧场地大小、青绿饲料生长情况、草质、水源情况、放牧人员的技术水平及经验和鹅群的体质状况来确定放牧鹅群的大小。对草多、草好的草山、草坡、果园等，采取轮流放牧方式，以100～200只为一群比较适宜。如果农户利用田边地角、沟渠道旁、林间小块草地放牧养鹅，以30～50只为一群比较适合。放牧前可按体质强弱、批次分群，以防在放牧中大欺小、强欺弱，影响个体的生长发育。

2. 放牧场地的选择和合理利用　　放牧场地要求选择有丰富的牧草、草质优良，并靠近水源的地方。广大农村的荒山草坡、林间地带、果园、田埂、堤坡、沟渠塘旁及河流湖泊退潮后的滩涂地，均是良好的放牧场地。开始放牧时应选择牧草较嫩、离鹅舍较近的牧地，随日龄的增加，可逐渐远离鹅舍，要合理利用放牧场地，应对牧地实行合理利用。无论是草地、茬地、畦地等均要有计划地轮换放牧，可将选择好的牧地分成若干小区，每隔15～20天轮换1次，以便有足够的青绿饲料。这样能节约精饲料，又能使鹅群得到充分的运动，有利于鹅的快速增重。

如果牧地被农药、化学物质、工业废水、油渍污染，不能进行放牧。鹅的放牧地要提前选择好，凡是鹅群经过的地方都应有良好的青绿饲料和水源，鹅对青绿饲料的消化能力很强，有"边吃边拉"的习惯，应让其吃饱、喝足、休息好。

3. 放牧鹅群的调教 鹅的合群性强，可塑性大，胆小，对周围环境的变化十分敏感。在鹅的放牧初期，应根据鹅的行为习性，调教鹅的出牧、归牧、下水、休息等行为，放牧人员加以相应的信号，使鹅群建立起相应的条件反射，养成良好的生活规律，便于放牧的管理。

在鹅群的管理中，除了对鹅群的行为进行调教外，鹅群对信号和条件反射建立的程度有强弱和快慢之分，要使各种用途的信号达到效果，还需要培养和调教"头鹅"，依靠鹅群中头鹅的作用，在放牧过程中，只要抓住头鹅，其他鹅群就会尾随其后行走、采食等，达到更有效地管理好放牧鹅群的目的。

4. 日常管理 放牧鹅采食的积极性主要在早晨和傍晚。鹅群放牧的总原则是早出晚归。放牧初期，每日上、下午各放牧 1 次，中午赶回圈舍休息。气温较高时，上午要早出早归，下午则应晚出晚归。随着仔鹅日龄的增长和放牧采食能力的增强，可全天外出放牧，中午不再赶回鹅舍，可在阴凉处就地休息。放牧鹅群常常采食到八成饱时即蹲下休息，此时应及时将鹅群赶至清洁水源处饮水、戏水，然后上岸梳理羽毛，1 小时左右，鹅群又出现采食积极性，形成采食—放水—休息—采食的生物节律性。每天放牧中至少应让鹅群放水 3 次，高温天气应增加放水的次数和延长放水的时间。

每天放牧归来，除检查鹅群数量、体况外，还应根据白天放牧采食情况，进行适当补饲。让鹅群吃饱过夜。

三、肉用仔鹅的育肥

肉用仔鹅在短期内经过育肥，可以迅速增膘长肉，沉积脂肪，增加体重，改善肉的品质。根据饲养管理方式，肉用仔鹅的育肥分为放牧育肥、舍饲育肥和填饲育肥 3 种。

（一）放牧育肥

放牧育肥是一种传统的育肥方法，应用最广，成本低，适用于放牧条件较好的地方，主要利用收割后茬地残留的麦粒或稻田中散落谷粒进行育肥。如果谷实类饲料较少，必须加强补饲，否则达不到育肥的目的，且增加饲养成本。

放牧育肥必须充分掌握当地农作物的收割季节，事先联系好放牧的茬地，预先育雏，制订放牧育肥的计划。一般可在 3 月下旬或 4 月上旬开始饲养雏鹅，这样在麦类茬地放牧一结束，仔鹅已育肥，即可上市出售。放牧育肥受农作物收割季节的限制，如未能赶上收割季节，可根据仔鹅放牧采食的情况加强补饲，以达到短期育肥的目的。

（二）舍饲育肥法

这种育肥方法不如放牧育肥广泛，饲养成本较放牧育肥高，但具有发展的趋势。这种方法生产效率较高，育肥的均匀度比较好，适用于放牧条件较差的地区或季节，最适于集约化批量饲养。仔鹅到 60 日龄时，从放牧饲养转为舍饲饲养。舍饲育肥有以下两个特点：

1. 舍饲育肥主要依靠配合饲料达到育肥的目的，也可喂给高能量的日粮，适当补充一部分蛋白质饲料。

2. 限制鹅的活动，在光线较暗的房舍内进行，减少外界环境因素对鹅的干扰，让鹅尽量多休息。每平方米可放养 4～6 只，每天喂料 3～4 次，使体内脂肪迅速沉积，同时供给充足的饮水，增进食欲，帮助消化，经过 15 天左右即可宰杀。

（三）人工强制育肥法

此法可缩短育肥期，育肥效果好，但比较麻烦。将配合日粮或以玉米为主的混合料加水拌湿，搓捏成 1～1.5 厘米粗、6 厘米长的条状食团，阴干后填饲。填饲是一种强制性的饲喂方法，分手工填饲和机器填饲两种。手工填饲时，用左手握住鹅头，双膝夹住鹅身，左手的拇指和食指将鹅嘴撑开，右手持食团先在水中浸湿后用食指将其填入鹅的食道内。开始填时，每次填3～4个食团，每天3次，以后逐步增加到每次填4～5个食团，每天4～5次。填饲时要防止将饲料塞入鹅的气管内。填饲方法是用填饲机的导管将调制好的食团填入鹅的食道内。填饲的仔鹅应供给充足的饮水，或让其每天洗浴1～2次，有利于增进食欲，光亮羽毛。填饲育肥经过10天左右鹅体脂肪迅速增多，肉嫩味美。

(四) 仔鹅育肥的程度

肉用仔鹅育肥的程度，主要取决于下列因素：

1. 饲料情况　在放牧育肥条件下，如果作物茬地面积较大，可放牧场地多，脱落的麦粒、谷粒较多时，育肥时间可适当延长；如果没有足够的放牧茬地，或未赶上作物的收割季节，可适当缩短育肥时间，抓紧出售，否则会出现放牧不足而掉膘。在舍饲育肥的条件下，要有饲料供应，主要应根据养鹅户的资金、饲料供给情况等来确定育肥时间。

2. 增重速度　育肥期间仔鹅的体重增长速度，反映生长发育的快慢，同时反映育肥期内饲养管理的水平。一般而言，在育肥期内，放牧育肥增重0.5～1千克；舍饲育肥可增重1～1.5千克；填饲育肥可增重1.5千克以上。当然，增重速度与所饲养的品种、季节、饲料等因素有密切的关系。

3. 膘度　膘肥的鹅全身皮下脂肪增厚，尾部丰满，胸肌厚实饱满，富含脂肪。膘肥的标准主要根据鹅翼下两侧体躯皮肤及皮下组织的脂肪沉积来鉴定。若摸到皮下脂肪增厚，有板栗大小结实、富有弹性的脂肪团者为上等肥度；若脂肪团疏松为中等肥度；摸不到脂肪团，而且皮肤可以滑动的为下等肥度。

四、种鹅育成期的饲养管理

雏鹅养至4周龄时，即进入中雏鹅阶段。当仔鹅饲养到70～80日龄，进行后备种鹅的选留，然后养至产蛋前为止的时期，称为种鹅的育成期。

（一）育成期鹅的选择与淘汰

后备种鹅的选择是提高种鹅质量的一个重要生产环节，在种鹅选择时，除考虑种鹅的优良性状、外貌特征、体重、体格发育状况等性能指标外，还应考虑种鹅的生产季节和将来的种用季节。为了培育出健壮、高产的种鹅，保证种鹅的质量，后备种鹅应经过以下 3 次选择，把体型大、生长发育良好、符合品种特征的鹅留作种用，以育成体质健壮、产蛋量高的种鹅，提高饲养种鹅的经济效益。

1. 第一次选择　在育雏期结束时进行。这次选择的重点是选择体重大的公鹅，母鹅则要求具有中等的体重，淘汰那些体重较小的、有伤残的、有杂色羽毛的个体，不能作为后备种鹅的经过育肥饲养当作肉鹅出售。经选择后，大型鹅种的公、母鹅配种比例为 1：2，中型鹅种为 1：3～4，小型鹅种为 1：4～5。

2. 第二次选择　在 70～80 日龄进行。可根据生长发育情况、羽毛生长情况以及体型外貌等特征进行选择。淘汰生长速度较慢、体型较小、腿部有伤残的个体。

3. 第三次选择　在 150～180 日龄。此时鹅全身羽毛已长齐，应选择具有品种特征，生长发育好，体重符合品种要求，体型结构、健康状况良好的鹅留作种用。公鹅要求体型大、体质健壮，躯体各部分发育匀称，肥瘦和头的大小适中，雄性特征明显，两眼灵活有神，胸部宽而深，腿粗壮有力。母鹅要求体重中等，颈细长而清秀，体型长而圆，臀部宽广而丰满，两腿结实，间距宽。选留后的公、母的配种比例为：大型鹅种 1：3～4，中型鹅种 1：4～5，小型鹅种 1：6～7。

（二）育成鹅的限制饲养要点

1. 控制饲养的目的　在种鹅的育成期间，饲养管理的重点是对种鹅进行限制性饲养，其目的在于控制体重，防止过大过肥，使其具有适合产蛋的体况；做到适时的性成熟时间；训练其耐粗饲的能力，育成有较强的体质和良好的生产性能的种鹅；延长种鹅的有效利用期，节省饲料，降低成本，达到提高饲养种鹅经济效益的目的。

此阶段一般从 120 日龄开始至开产前 50～60 天结束。后备种鹅经第二次换羽后，如供给足够的饲料，经 50～60 天便可开始产蛋。但此时由于种鹅的生长发育尚不完全，个体间生长发育不整齐，开产时间参差不齐，导致饲养管理十分不方便。加上过早开产的蛋较小，母鹅产小蛋的时间较长，种蛋的受精率低，达不到蛋的种用标准，降低经济收入。因此，这一阶段应对种鹅采取控制饲养，适时达到开产日龄，比较整齐一致地进入产蛋期。

2. 控制饲养的方法 目前，种鹅的控制饲养方法主要有两种。一种是减少补饲日粮的饲喂量，实行定量饲喂。另一种是控制饲料的质量，降低日粮的营养水平。鹅以放牧为主，故大多数采用后者，但一定要根据放牧条件、季节以及鹅的体质，灵活掌握饲料配比和喂料量，既能维持鹅的正常体质，又能降低种鹅的饲养费用。

在控料期应逐步降低饲料的营养水平，每日的喂料次数由 3 次改为 2 次，尽量延长放牧时间，逐步减少每次给料的喂料量。控制饲养阶段，母鹅的日平均饲料用量一般比生长阶段减少 50%～60%。饲料中可添加较多的填充粗料（如米糠、曲酒糟等），目的是锻炼鹅的消化能力，扩大食道容量。后备种鹅经控料阶段前期的饲养锻炼，放牧采食青草的能力强，在草质良好的牧地，可不喂或少喂精料。在放牧条件较差的情况下每日喂料 2 次，喂料时间在中午和晚上 9 时左右。

3. 喂料量的控制 注意种鹅育成期的喂料量不是一成不变的，应根据种鹅放牧采食或青饲料的供给情况而进行适当的调整。

从 8 周龄开始，每周龄开始的第一天早上空腹随机称群体 10% 的个体求其平均体重，称重时应分公鹅和母鹅。用抽样平均体重与表6-2相应体重标准比较，如在体重标准的适宜范围（在标准的±2％范围内均属适合）内，则该周按标准喂料量饲喂；如超过体重标准2％以上，则该周每只每天喂料量减少5～10克；如低于体重标准2％以下则每只每天增加5～10克喂料量。平均体重不在体重标准适合范围的群体经一周饲养，称重如果仍不在适合范围，则按上述办法调整喂料量，直到体重在适合范围再按标准喂料量饲喂。注意每周龄开始第一天称取的体重代表上周龄的体重。例如，43天早晨称取的体重代表6周龄的体重。要特别强调称取的母鹅体重应和表6-2中母鹅的体重标准比较。

4. 喂料次数　限饲期间，每天的喂料量必须一次投喂。每天清晨加好料和饮水后，再放鹅。为保证足够的采食位置，可增加食槽或将饲料倒在运动场水泥地面上饲喂。每只鹅应保证有20～25厘米长的槽位，其目的在于保证采食均匀。

5. 饲养方式　种鹅多采用放牧饲养方式饲养，可根据放牧场地青饲料的供给情况、放牧采食等情况，进行适当的补饲饲料，但也应根据种鹅的体重指标进行控制饲养。

表6-2　种鹅育成期体重控制指标（千克）

周龄	小型鹅种		中型鹅种		大型鹅种		备注
	母	公	母	公	母	公	
8	2.5	3.0	—	—	—	—	
9	2.5	3.0	—	—	—	—	
10	2.6	3.1	3.5	4.0	—	—	各周龄
11	2.6	3.1	3.6	4.1	—	—	鹅群的整
12	2.7	3.2	3.7	4.2	4.5	5.0	齐度应
13	2.7	3.2	3.8	4.3	4.6	5.1	80％以上
14	2.8	3.3	3.8	4.4	4.7	5.2	
15	2.8	3.3	3.9	4.5	4.8	5.3	

（续）

周龄	小型鹅种		中型鹅种		大型鹅种		备注
	母	公	母	公	母	公	
16	2.9	3.4	4.0	4.6	4.9	5.4	
17	3.0	3.5	4.1	4.7	5.0	5.5	
18	3.1	3.6	4.2	4.8	5.1	5.6	
19	3.2	3.7	4.2	4.9	5.2	5.7	
20	3.3	3.8	4.3	5.0	5.3	5.8	
21	3.4	3.9	4.4	5.1	5.4	6.0	
22	3.5	4.0	4.5	5.2	5.5	6.1	
23	—	—	4.5	5.3	5.6	6.2	
24	—	—	4.6	5.4	5.7	6.3	
25	—	—	4.7	5.5	5.8	6.4	各周龄
26	—	—	4.8	5.6	5.9	6.6	鹅群的整
27	—	—	4.9	5.8	6.0	6.7	齐度应
28	—	—	5.0	6.0	6.1	6.8	80%以上
29	—	—	—	—	6.2	7.0	
30	—	—	—	—	6.3	7.2	
31	—	—	—	—	6.4	7.4	
32	—	—	—	—	6.6	7.6	
33	—	—	—	—	6.8	7.8	
34	—	—	—	—	7.0	8.0	
35	—	—	—	—	—	—	
36	—	—	—	—	—	—	

注：引自包世增《快速养鹅技术》（1995）。

6. 日常管理 控制饲养阶段，无论给食次数多少，补料时间应在放牧前 2 小时左右，以防止鹅因放牧前饱食而不采食青草；或在放牧后 2 小时补饲，以免养成收牧后有精料采食，便急于回巢而不大量采食青草的坏习惯。控制饲养阶段的管理要点如下：

①注意观察鹅群动态　在控制饲养阶段，随时观察鹅群的精神状态、采食情况等，发现弱鹅、伤残鹅等要及时挑出，进行单独的饲喂和护理。弱鹅往往表现出行动呆滞，两翅下垂，食草没劲，两脚无力，体重轻，放牧时落在鹅群后面，严重者卧地不起。对于个别弱鹅应停止放牧，进行特别管理，可喂以质量较好且容易消化的饲料，到完全恢复后再放牧。

②放牧场地选择　应选择水草丰富的草滩、湖畔、河滩、丘陵以及收割后的稻田、麦地等。放牧前，先调查牧地附近是否喷洒过有毒药物，喷洒过则必须经 1 周以后，或下大雨后才能放牧。

③注意防暑　育成期种鹅往往处于 5～8 月份，气温高。放牧时应早出晚归，避开中午酷暑，早上天微亮就应出牧，上午10 时左右将鹅群赶回圈舍，或赶到阴凉的树林下让鹅休息，到下午 3 时左右再继续放牧，待日落后收牧，休息的场地最好有水源，以便于饮水、戏水、洗浴。

④搞好鹅舍的清洁卫生　每天清洗食槽、水槽以及更换垫料，保持垫草和舍内干燥。

五、种鹅产蛋期的饲养管理

饲养种鹅的目的在于提高鹅的产蛋量和种蛋的受精率，使每只种母鹅生产出更多更健壮的雏鹅。种鹅的饲养管理一般分为产蛋前期、产蛋期和休产期 3 个阶段。

1. 后备种鹅进入产蛋前期时，体质健壮，生殖器官已得到较好的发育，母鹅体态丰满，羽毛紧扣体躯，并富有光泽，性情温驯，食欲旺盛，采食量增大，行动迟缓，常常表现出衔草做窝，说明临近产蛋期。

2. 从第 26 周起改为初产蛋鹅饲料，每周增加日喂料量 25克饲料，约用 4 周时间过渡到自由采食，不再限量。

3. 日粮配合　由于种鹅连续产蛋的需要，消耗的营养物质特别多，特别是蛋白质、钙、磷等营养物质。如果饲料中营养不全面或某些营养元素缺乏，则造成产蛋量的下降，种鹅体况消瘦，最终停产换羽。因此，产蛋期种鹅日粮中蛋白质水平应增加到 18%～19%，才有利于提高母鹅的产蛋量。

产蛋期种鹅一般每日补饲 3 次，早、中、晚各 1 次。补饲的饲料总量控制在 150～200 克。

4. 适宜的公、母配种比例　为提高种蛋的受精率，除考虑种鹅的营养需要外，还必须注意鹅群的健康状况，提供适宜的公、母配种比例。由于鹅的品种不同，公鹅的配种能力也不同。在自然交配条件下，我国小型鹅种公、母比例为 1∶6～7，中型鹅种公、母比例为 1∶5～6，大型鹅种公、母比例为 1∶4～5。冬季的配比应低些，春季可高些。繁殖配种群不宜过大，一般以 50～150 只为宜。良好的洗浴对于提高种鹅受精率具有重要的意义。种鹅配种时间一般在早晨和傍晚较多，而且多在水中进行。每天早晚将种鹅放入有较好水源的水池中洗浴、戏水，此时是种鹅配种的高峰期。舍饲饲养的种鹅也应有一定深度和宽度的水池。母鹅在水中往往围在公鹅周围游水，并对公鹅频频点头亲和，表示求偶的行为。因此，要及时调整好公、母的配种比例，做好配种的各项工作。

5. 必须根据鹅群生长发育的不同阶段分别制订光照方案。

（1）**育雏期**　为使雏鹅均匀一致地生长，0～7 日龄提供 23 或 24 小时的光照时间。8 日龄以后则应从 24 小时光照逐渐过渡到只利用自然光照。

（2）**育成期**　只利用自然光照时间。种鹅临近开产期，用 6 周的时间逐渐增加每日的人工光照时间，使种鹅的光照时间（自然光照＋人工光照）达到 16～17 小时。此后一直维持到产蛋结束。

每周需要增加的光照时数＝（17 小时－自然光照时数）/

6 周

增加的光照时数分别加在早上和晚上。不同地区、不同品种、不同季节自然光照时间有差异，可进行灵活调整。

30 周龄至整个产蛋期都采用每天 17 小时的光照时间。例如，天黑开灯，晚上 11 时关灯，早上 6 时开灯。开关灯时间要固定，不要随意变动。

6. 产蛋期种鹅的管理 产蛋期的种鹅采用放牧与补饲相结合的饲养方式比较适合。每天大部分母鹅产完蛋后就应外出放牧，晚上赶回圈舍过夜。放牧时应选择路近而平坦的草地，路上应慢慢驱赶，上下坡时不可让鹅争先拥挤，以免跌伤。尤其是产蛋期母鹅行动迟缓，在出入鹅舍、下水时，应呼号或用竹竿稍加阻拦，使其有秩序地出入鹅舍或下水。

放牧前要熟悉当地的草地和水源情况，掌握农药的使用情况。一般春季放牧采食各种青草、水草；夏、秋季主要放牧麦茬地、收割后的稻田；冬季放牧湖滩、沟边、河边。不能让鹅在污秽的沟水、塘水、河水内饮水、洗浴和交配。

7. 防止窝外蛋 母鹅的产蛋时间大多数集中在下半夜至上午 10 时左右，个别的鹅在下午产蛋。因此，产蛋鹅上午 10 时以前不能外出放牧，在鹅舍内补饲，产蛋结束后再外出放牧，而且上午放牧的场地应尽量靠近鹅舍，以便部分母鹅回窝产蛋。这样可减少母鹅在野外产蛋而造成种蛋丢失和破损。

母鹅有择窝产蛋的习惯。因此，在产蛋鹅舍内应设置产蛋箱或产蛋窝，以便让母鹅在固定的地方产蛋。开产时可有意训练母鹅在产蛋箱（窝）内产蛋。放牧前检查鹅群，如发现个别母鹅鸣叫不安，腹部饱满，尾羽平伸，泄殖腔膨大，行动迟缓，有觅窝的表现，可用手指伸入母鹅泄殖腔内，触摸腹中有没有蛋，如有蛋，应将母鹅送到产蛋窝内，而不要随大群放牧。放牧时如果发现有母鹅出现神态不安，有急欲找窝的表现，或向草丛或较为掩蔽的地方走去时，则应将该鹅捉住检查，如果腹中有蛋，则将该鹅送到鹅产蛋箱内产蛋，待产完蛋后就近放牧。

8. 提高种蛋受精率的措施 种蛋受精率的高低，直接影响到饲养种鹅的经济效益。母鹅的产蛋量本来就低，如果受精率低，经济效益更差。为了提高种蛋受精率，除了加强饲养管理、注意环境卫生、适时配种、配种比例恰当外，还应掌握公鹅本身影响受精率的原因，以采取有效措施。主要体现在以下几个方面：

①公鹅性机能缺陷 在某些品种的公鹅较为突出，比如生殖器萎缩，阴茎短小，甚至出现阳痿，精液品质差，交配困难。解决的唯一办法是在产蛋前，公、母鹅组群时，对选留公鹅进行精液品质鉴定，并检查公鹅的阴茎，淘汰有缺陷的公鹅，保证留种公鹅的质量，提高种蛋的受精率。

②一些公鹅具有选择性的配种习性 这样将减少与其他母鹅配种的机会，某些鹅的择偶性还比较强，从而影响种蛋的受精率。在这种情况下，公、母鹅的组群要尽早，如果发现某只公鹅与某只母鹅或几只母鹅固定配种时，应及时将这只公鹅隔离，经1个月左右，才能使公鹅忘记与之固定配种的母鹅，而与其他母鹅交配，有利于提高受精率。

③公鹅相互啄斗影响配种 在繁殖季节，公鹅有格斗争雄的行为，往往为争先配种而啄斗致伤，严重影响种蛋的受精率。

④公鹅换羽时，阴茎缩小，配种困难，影响种蛋的受精率。

9. 种鹅的选择淘汰 鹅繁殖的季节性很强。一般到每年的4～5月份开始陆续停产换羽，如果种鹅只利用一个产蛋年，当产蛋接近尾声时，大约在次年的3月份就开始出现母鹅停产。这时可首先淘汰那些换羽的公鹅和母鹅，以及腿部等有伤残的个体；其次根据母鹅耻骨间隙，淘汰那些没有产蛋，但未换羽，耻骨间隙在3指以下的个体，同时应淘汰多余的公鹅。当然同时也可将产蛋末期的种鹅全群淘汰。这种只利用一个产蛋年的制度，种蛋的受精率、孵化率较高，而且可充分利用鹅舍和劳动力，节约饲料，经济效益较高。

六、种鹅休产期的饲养管理

种鹅的产蛋期一般只有 9～10 个月。母鹅的产蛋期除品种外，各地区气候不同，产蛋期也不一样，我国南方集中在冬、春两季产蛋。产蛋末期产蛋量明显减少，畸形蛋增多，公鹅的配种能力下降，种蛋受精率降低，大部分母鹅的羽毛干枯，在这种情况下，种鹅进入持续时间较长的休产期。

（一）人工强制换羽

在自然条件下，母鹅从开始脱羽到新羽长齐需较长的时间，换羽有早有迟，其后的产蛋也有先有后。为了缩短换羽的时间，换羽后产蛋比较整齐，可采用人工强制换羽。

人工强制换羽是通过改变种鹅的饲养管理条件，促使其换羽。换羽之前，首先清理淘汰产蛋性能低、体型较小、有伤残的母鹅以及多余的公鹅，停止人工光照，停料 3～4 天，只提供少量的青饲料，并保证充足的饮水；第 4 天开始喂给由青料加糠麸糟渣等组成的青粗饲料，第 10 天左右试拔主翼羽和副主翼羽，如果试拔不费劲，羽根干枯，可逐根拔除。否则应隔 3～5 天后再拔一次，最后拔掉主尾羽。拔羽后当天鹅群应圈养在运动场内喂料、喂水，不能让鹅群下水，防止细菌污染，引起毛孔发炎。拔羽后一段时间内因其适应性较差，应防止雨淋和暴晒。

（二）休产期的饲养管理

进入休产期的种鹅应以放牧为主，将产蛋期的日粮改为育成期日粮。其目的是消耗母鹅体内的脂肪，提高鹅群耐粗饲的能力，降低饲养成本。

1. 调整饲喂方法 种鹅停产换羽开始，逐渐停止精料的饲喂，应以放牧为主，舍饲为辅，补饲糠麸等粗饲料。目的是促使母鹅消耗体内脂肪，促使羽毛干枯，容易脱落。为了让旧羽快速脱落，应逐渐减少补饲次数，开始减为每天喂料 1 次，后改为隔天 1 次，逐渐转入 3～4 天喂 1 次，在停止喂料期间，不应对鹅群停水，大约经过 12～13 天后，体重减轻大约 1/3，主翼羽和主尾羽出现干枯现象时，则可恢复喂料。

2. 人工拔羽　恢复喂料后 2～3 周，待体重逐渐回升，大约放养 1 个月之后，就可以人工拔羽，以缩短母鹅的换羽时间，提前开始产蛋。人工拔羽有手提法和按地法，前者适合小型鹅种，后者适合大中型鹅种。拔羽的顺序为主翼羽、副翼羽、尾羽。人工拔羽，公鹅须比母鹅早 20～30 天拔羽，目的是使公鹅在母鹅产蛋前，羽毛能全部换完，保证母鹅开产后公鹅精力充沛。拔羽的母鹅可以比自然换羽的母鹅早 20～30 天产蛋。

3. 拔羽后的管理　拔羽需要在温暖的晴天进行，切忌在寒冷的雨天进行。拔羽后当天不能让鹅群下水游泳。第二天就可以放牧下水，但要注意护理，避免暴晒和雨淋，拔羽后除加强放牧外，还应根据羽毛生长情况酌情补料。如果公鹅羽毛生长较慢，母鹅已产蛋，而公鹅尚未能配种，这时应增加公鹅的精料。若母鹅的羽毛生长较慢，就要为母鹅适当增加精料，促使羽毛生长快些。否则，在母鹅尚未产蛋时，公鹅就开始配种。而到产蛋后期，公鹅已精疲力竭，会影响配种，降低种蛋的受精率。

七、鹅的饲养管理与牧草利用

鹅在传统上是以采食青粗饲料为主的水禽。具耐粗饲、抗逆性强、适宜养殖地广等特点。鹅能从优质的牧草中获取所需的一切营养，其消化利用粗纤维的能力较强。一般认为鹅对纤维类饲料的利用率高于其他水禽。在目前我国饲料用粮紧张、精料短缺的状况下，发展养鹅等节粮型畜牧业符合国情。另外，研究鹅对纤维饲料利用的意义在于养殖的成本考虑。在养鹅的成本中，饲料成本占 70％以上。因此，在鹅的日粮中添加适量青饲料，即可发挥其饲草的生物学优势，又可取得良好的经济效益。

（一）鹅喜欢采食的牧草

1. 黑麦草 营养丰富，茎叶多，幼嫩多汁。开花期鲜草干物质含量为 19.2%，黑麦草生长快，再生能力强，产量高，每亩*可产鲜草 3 000～4 000 千克。

2. 紫花苜蓿 为多年生草本，适应性广，品质好，号称"牧草之王"。一年四季可播种，每年可刈割 2～5 次，鲜草亩产量可达 5 000 千克以上。紫花苜蓿质地柔软、味道清香，适口性好，宜晒制干草，国内和国外市场需求量很大。

3. 青贮玉米 鲜嫩多汁，适口性好。生长快，产量高，生育期短。饲喂时间长，一年四季均可饲喂。播种量每亩 4.0～4.5 千克。

4. 苦荬菜 营养价值高、适口性极好，鲜嫩多汁。鲜叶蛋白质含量为 3.14%，干品蛋白质为 26.25%。它是一种生长快、再生能力强、产量高，亩产可达 5 000～7 500 千克的青绿多汁饲料。

5. 籽粒苋 营养价值高，蛋白质、脂肪、赖氨酸的含量比玉米和小麦高出 2～3 倍。生长快、产量高、再生能力强；植株高可达 3 米以上，全年可收割 3～4 次，亩产鲜茎叶 5 000～10 000 千克，亩产籽实 150～250 千克。

6. 白三叶 多年生草本，返青早，枯死晚，青饲利用期最长，营养丰富。白三叶播种量单播为每亩 0.5 千克。亩产鲜草 5 000～6 000 千克。叶量丰富，草质柔嫩，茎匍匐，不断形成新的株丛，是最好的放牧型草。

7. 红三叶 多年生草本，喜温暖湿润气候，每年刈割 3～4 次，亩产鲜草 3 000～4 000 千克，红三叶营养丰富，蛋白质含量高，草质柔软，适口性好。另外也可晒制干草、青贮等。

8. 无芒雀麦 适应性广，生活力强，是一种适口性强，饲

---

* 亩为非法定计量单位，1 亩＝667 米²。

用价值高的多年生根茎型牧草。无芒雀麦芒每年可刈割 3～5 次，东北一年只能割 2 次。一般鲜草产量为 30～45 吨/公顷。粗蛋白含量在干物质中可达 18%～20%，并含有较多氨基酸。

（二）不同季节牧草品种的选择

鹅 1 周龄即可在草地上采食，4 周龄后，牧草就可占日粮比重 80%以上。科学安排好牧草种植可以减少养殖成本，满足鹅的生长需要，提高养鹅效益。相对于禾本科牧草而言，鹅更喜食豆科牧草和多汁的菊科牧草。种草养鹅在草种选择上要尽可能考虑不同种类牧草的搭配，以利于养分平衡。

四季养鹅可以安排一定面积的多年生牧草，如白三叶、红三叶、菊苣、紫花苜蓿等。

冬春季养鹅可以在早秋播种越年生牧草，如禾本科的多花黑麦草、冬牧 70 黑麦，豆科的苕子、紫云英、紫花苜蓿以及胡萝卜等蔬菜。越年生牧草可以按禾本科牧草占 60%，豆科牧草占 40%的比例，于晚秋混播种植。冬季牧草生长慢，往往需要补充青贮料。

杂交狼尾草、苦荬菜、籽粒苋、宁杂 3 号狼尾草等，是夏季高温期养鹅的理想青饲料，在较好的管理条件下，每亩载鹅量与春季相当或更高。

秋季养鹅除利用多年生牧草外，叶菜类蔬菜也是理想的青饲料，可因地制宜加以选用。冬季可用蔬菜、草粉喂鹅。

（三）种草养鹅关键技术要点

1. 牧草种植　随着我国养鹅生产从家庭分散饲养向规模化密集饲养方向发展，养鹅只靠放牧采食野生青草，还远远满足不了需要。另外，放牧鹅饮食卫生与安全难以保证，也不利于疫病的控制。采取人工种植牧草进行饲喂可解决上述问题。

2. 合理刈割，严禁草田放牧　牧草长至 25 厘米以上时便开始刈割，刈割时离地面留茬 5 厘米，以利再生长，为防止纤维木质化，应及时刈割，保证牧草的鲜嫩，提高利用率。

3. 要施足肥料　每亩牧草整个生长期应保证纯氮 40 千克，基肥还需有机肥和磷、钾等复合肥。追施氮肥很重要，每次刈割前 3～5 天施肥便于肥料吸收和防止肥水伤苗。

（四）鹅不同时期青饲料添加比例

1. 3～10 日龄　用淘洗干净并泡透的碎米和洗净切碎的菜叶、嫩草、水草、浮萍等青绿饲料混在一起饲喂，精饲料和青绿饲料的比例为 8～10：1。

2. 11～20 日龄　以喂青绿饲料为主，精饲料与青绿饲料的比例为 1：4～8。随着日龄的增长，雏鹅可放牧吃草。

3. 21～30 日龄　增加青绿饲料的比例，精饲料与青绿饲料的比例为 1：9～12。放牧饲养的，可逐渐延长放牧时间。

4. 4 周至 2 月龄　能大量利用青绿饲料，以喂青绿饲料或进行放牧饲养为最适合，也是最经济的饲养方法。

5. 2 月龄以上　育肥鹅增加精饲料催肥。饲料的配合比例：玉米和大麦 60%、糠麸 30%、豆饼 8%、食盐和沙粒各 1%，另加青草、碎小麦、煮熟的马铃薯和其他饲料混合饲喂。饲料中加入 2%～3% 骨粉或贝壳粉，有助于鹅骨骼生长，防止软腿病发生。每天喂 4 次，最后一次在晚上 9～10 时喂，并供给足够的饮水。育肥前期，精饲料与青绿饲料的比例为 1：1；育肥后期，精饲料与青绿饲料比例 1：4。活鹅重达 3～3.5 千克时即可上市。

第七章　水禽产品的加工

第一节　水禽肉制品

我国是世界第一水禽生产大国，水禽产品加工历史悠久。传统的水禽肉制品有酱卤制品、腌腊制品、油炸制品、熏烤制品等，著名品牌如北京烤鸭、南京盐水鸭、四川樟茶鸭、南安板鸭、武汉精武鸭脖、扬州风鹅等，均以工艺精湛和风味独特赢得广大消费者喜爱，有的还在国际上享有盛名。改革开放后，我国水禽肉制品业已具备一定规模，对推动家禽业的发展起到了积极作用，但由于加工业起步晚，工艺技术与设备相对落后，大部分以传统手工作坊式生产，加工规模小，深加工和综合利用不够，不能适应现代消费和出口的需要。

一、水禽肉制品加工现状和存在问题

我国是肉类生产大国，目前冷却肉的生产也呈现出强劲的发展势头，逐渐成为肉类加工的主流方向。国内也已经涌现出一批大型鸭、鹅加工龙头企业，如河南华英、山东六和、北京金星、内蒙古塞飞亚、吉林正方等。这些企业大多从种鸭（鹅）繁育到商品鸭（鹅）饲养，从屠宰加工到销售等，有一条完整的产业化链条，有效解决了水禽业发展中的产、加、销等诸多问题，拓展了产品的国内外市场。

虽然我国已具备冷却肉的生产、加工和流通条件，而且冷却

肉市场很大，但冷却禽肉发展却较为迟缓，其原因主要有：产品质量不稳定；缺乏冷却肉方面的标准和法规；经营冷却肉成本高，冷却链不完整、风险大。水禽肉制品加工存在的主要问题是：

1. 深加工比例低　我国居民消费的水禽肉中，生品所占比例为 80% 以上（含活禽、宰杀禽、分割禽和冻禽），熟品比例不到 20%，说明目前水禽初加工产品所占比重较大。

2. 产品结构不合理　整鸭（鹅）加工产品多，分割鸭（鹅）加工产品少；高温制品多，低温制品少；杂牌货产品多，名特优产品少；餐桌食品多，旅游休闲制品少；科技含量低的产品多，含量高的少；初加工产品多，精深加工产品少。

3. 生产方式落后　目前中式水禽肉制品加工大多数是前店后厂、现做现卖的家庭作坊式，真正工业化生产的还不多见。过小的生产规模一方面限制了采用机械，难以形成标准化的加工工艺，极易造成产品质量不稳定，另一方面传统工艺周期长、产量小、包装简易、生产成本高，阻碍了企业的发展。另外，由于我国包装机械、包装材料和观念的落后，传统风味的水禽肉制品几乎没有包装，如白鸭（鹅）、酱鸭等，产品货架期短。相当一部分产品虽然有包装，但有些产品如烧鸭、酱鸭等采用铝箔蒸煮袋软包装形式，在经过高温高压灭菌后已失去产品原有的风味。

4. 卫生条件较差　不少加工企业已采用 HACCP 体系来控制产品安全质量或进行 ISO9000 认证，呈现出良好的发展势头。但仍有相当多的中小企业卫生条件差、加工过程不规范、产品质量难以控制。

5. 缺乏统一的产品标准　传统水禽肉制品虽然历史悠久、种类繁多，但产品缺乏统一的标准，导致质量参差不齐，不但影响了产品形象，更易使消费者的利益受到损害。

二、水禽肉制品加工的发展趋势

1. 原料标准化、优质化　原料问题一直没有引起我国禽肉加工技术人员的足够重视，主要因为小规模的作坊式生产对原料的质量要求不高。但是，原材料质量的标准化是实现工业化生产的一个重要前提，没有健康优质的水禽就没有安全优质的水禽肉制品，而健康优质的水禽离不开优良的品种、规范的饲养管理以及严格的宰前检验检疫等。

2. 水禽肉制品风味研究　水禽肉在屠宰、加工、贮藏的过程中，由于细菌等微生物的影响，会引起鲜肉的保存时间、颜色、风味等变化，同时，由于加工过程中的高温灭菌等环节的影响，使水禽肉制品的风味发生变化。此外，鸭、鹅肉中蛋白质、脂肪、糖类等物质的含量也会影响肉的品质和风味，而目前还不清楚其作用机理。因此，研究蛋白质、脂肪、糖类等肉品风味前体物质在屠宰、加工、贮藏过程中的变化规律及对肉品风味影响的机理，肉品风味多重影响因素调控与最佳风味形成的基础风味化学研究等是水禽肉制品发展的重要课题。

3. 加工工艺现代化　要实现中式水禽肉制品的工业化生产，必须研究各种中式水禽肉制品的特色形成机理及其传统加工技术，使之上升为理论，形成标准化的加工工艺。同时，应在保持中式水禽肉制品传统特色的基础上，广泛借鉴西式肉制品腌制、滚揉、保水、乳化、低温杀菌等先进加工技术，并利用现代食品工程高新技术改进和完善中式水禽肉制品加工工艺，使其更加科学合理，从而提高中式水禽肉制品的品质，缩短产品生产周期，延长货架期，加快中式水禽肉制品的工业化生产步伐。

4. 发展冷却水禽肉制品　目前，冷却肉以新鲜、营养、卫生，美味等优势而得到较快的发展。但因其蛋白质、脂肪含量丰富和水分活度较高，在加工、储藏、运输和销售过程中很容易腐败变质。因此，采用安全、高效的保鲜方法，延长其货架期，是冷却肉的主要研究内容。

5. 开发深加工和特色水禽肉制品 随着生活水平的提高和消费习惯的变化，各种精深加工的分割肉、小包装肉、半成品肉、熟肉制品，以及以肉类为原料的方便食品、功能性食品、休闲食品、旅游食品等的消费明显上升，开发深加工和特色水禽肉制品是适应市场的需求，也是我国水禽肉产品结构优化的主要途径。水禽肉产品开发可以瞄准下述五大方向：一是在现有水禽肉产品类型基础上完善、延伸、拓宽和上台阶；二是以分割脯肉、拆骨肉为主，运用西式设备开发熏、烧、烤等中西结合的水禽肉制品或半成品，满足国际市场需求；三是集板鸭和盐水鸭两者优点，克服不足，开发香鸭系列产品；四是运用排酸成熟、双针注射、加压腌制、风干脱水等综合技术开发以香、鲜、嫩为主要特色的系列水禽制品；五是以分割水禽肉与植物蛋白重组生产系列干制品、系列水禽肉微波产品。

6. 发展低温禽肉制品 肉制品按加工温度的不同，有高温和低温肉制品之分。高温肉制品的特点是潜在的细菌、孢子均被杀灭，因而在常温下有较长的货架期，但高强度的热处理（一般采用121℃灭菌）会使产品营养成分受破坏，风味发生改变，产生"过熟味"，并使肉纤维弹性降低、肉质绵软、组织状态不好。低温肉制品一般采用巴氏灭菌，制品的原有营养成分和风味能得到很好保留，同时也基本保持了肉纤维的弹性和良好的咀嚼感，这是低温肉制品的明显优势。目前，低温肉制品已风靡欧美市场，成为世界性产品，而我国仍以高温肉制品为主。随着人民生活水平的不断提高和对高质量肉制品的追求，高温肉制品的市场已逐渐缩小，可以预见，低温禽肉制品必将成为我国今后发展的主流。然而低温制品保质期短，严重制约着生产企业的发展。例如，盐水鹅、鸭制品由于采用低温熟化法，保鲜难度大，保质期短。采用单一保鲜技术效果都有限，必须采用两种以上的多种综合保鲜技术。近几年，欧美等国家纷纷采用先进的保鲜技术（如气调包装、辐射保鲜、栅栏技术、超高压技术等）以延长货架期。

7. 开发专用成套加工设备　中式禽肉制品工业化生产的一个重要任务是实现产品加工过程机械化、自动化，以提高劳动生产率，保证产品质量，降低生产成本。联合有关技术人员和机械设备制造厂家，针对中式禽肉制品加工特点共同开发专用成套加工设备，有利于促进我国中式禽肉制品工业化生产的尽快实现。

第二节　水禽蛋制品

自 1985 年以来，我国一直保持世界禽蛋第一生产大国地位，总产量占世界的 40% 左右。中国蛋制品加工历史久远，拥有制作本民族再制蛋的丰富技术和经验（皮蛋是我国独创的一种蛋类加工产品），但禽蛋加工业目前尚处于待开发的初级阶段，蛋品深加工工艺、设备落后，总体科技水平有待大幅度提高。加工总产量仅为禽蛋生产总量的 0.7%~1.0%，远低于发达国家 15%~25% 的水平，与世界第一产蛋大国的地位很不相称。

目前，我国水禽蛋制品仍以再制蛋（包括皮蛋、咸蛋、糟蛋、咸蛋黄等）为主，是城乡居民的传统食品。迄今松花皮蛋已出现多个品种，如药料液浸泡食疗彩蛋、含中草药松花皮蛋、无铅食疗溏心松花蛋、香型皮蛋、保健养生蛋等。咸蛋加工基本沿用传统的方法，近年来在快速腌制、包装工艺等方面作了一些改进。糟蛋的生产量仅次于咸蛋和皮蛋，是一种具开发前景的蛋制品。水禽蛋制品加工存在的主要问题是：品种仍然很少，突破性进展仍然不多，机械化程度仍然很低，产品质量存在着不稳定现象。

今后我国水禽蛋制品发展趋势是：第一在稳定产品质量的基础上，加强传统蛋制品现代生产技术研究和加工设备的国产化研究，实现工业化、机械化生产；第二加强新产品开发和涂膜保质研究，满足市场需求；第三开展蛋内活性成分的提取和蛋壳利用研究，提高蛋品及副产物附加值；第四建立禽蛋加工全程质量控制体系，确保禽蛋制品质量与安全。

一、蛋的贮藏

鲜蛋的季节性很强，旺季往往生产有余，价格下跌，淡季供应又不足，但它又不耐久存。为了调剂淡旺季矛盾，尽量做到均衡上市，则需要采取适应鲜蛋特点的贮存方法，保证鲜蛋质量，延长存放时间。贮存方法有简易贮存、冷库贮存等方法。

（一）简易贮存

鲜蛋的简易贮存方法，是广大劳动人民在长期实践中创造的，方法简便，花钱不多，效果较好，适用于家庭贮存。其方法有下列几种：

1. 粮食贮存　此法适合农民在出售前小批量贮存。贮存方法是将新鲜洁净的鲜蛋放入晒干后的豆类、谷物等粮食中，一层鲜蛋一层粮食掩埋好，既可防止碰损，又可使鲜蛋在较长时间内不变质。这是因为豆类、谷物等粮食能不断放出二氧化碳气体，而二氧化碳气体能够抑制蛋壳表面和蛋内微生物的繁殖，阻止浓蛋白迅速变稀。此法实际上是一种二氧化碳气体贮存法，而且不花费用。

2. 草木灰贮存　在贮存容器中先铺上一层干燥草木灰，然后在灰上平放一层鲜蛋，依此层层码放，最上层铺灰，适当按紧并加盖即可。此外，干燥的细砂按照草木灰的层叠方法贮存，同样可使蛋不变质。主要是排除了容器中的空气，使鲜蛋的呼吸作用降低，抑制了蛋内微生物和酶的活动，从而延缓蛋的变化。

3. 淡盐水贮存　用清水 5 千克，食盐 350 克，经煮沸搅拌，取出放凉。将蛋先仔细检验，挑出破损、变质蛋后，放入容器内，再将配好的盐水灌入，直至盐水高出蛋面 4 厘米即可。由于盐中含有适量的食盐，具有防腐和抑制细菌繁殖作用，加上与外界空气隔绝，所以能保持鲜蛋原有质量。经过这种办法保存的蛋，味道不变，食用同鲜蛋一样。但气温过高时，不能用这种方法贮存。

（二）冷库贮存

将鲜蛋放在冷库里，利用低温抑制蛋内微生物和酶的活动，使蛋的呼吸作用减弱，以保持鲜蛋的营养价值和鲜度。冷库贮存鲜蛋效果好，费用不高，适宜大批量贮存。鲜蛋入库前，冷库要彻底消毒和通风，消灭残存的微生物。需要冷藏的鲜蛋先经过检验，剔出粪污、霉污、破损等次劣蛋。入库前，鲜蛋要经过预冷。因为蛋的内容物是半液体状态的物质，如果骤然遇冷，内容物收缩，蛋内压力降低，这时空气中微生物就会随空气进入蛋内，使鲜蛋逐渐变质。预冷可在专用冷却间进行或利用冷藏间的过道、穿堂进行。当蛋的温度降至 $1\sim2{}^\circ\!C$ 时，即可结束预冷工作，把蛋转移冷库内。

鲜蛋入库后，堆码要合理，否则就会缩短保藏时间，降低蛋的品质。鲜蛋的堆码，离墙应有一定的距离，垛间要有一定的空隙，使库内的冷空气能得到良好的循环。入库时，要把质量好的、长期保藏的蛋靠里边存放；质量较好、短期存放的蛋放在外边。鲜蛋在冷藏期间，库内温度低，可以延缓蛋的变化。但温度过低，会造成蛋的内容物冻结，并且膨胀而冻裂蛋壳。一般掌握在 $0{}^\circ\!C$ 左右为宜，最低不得低于 $-2{}^\circ\!C$，相对湿度为 $82\%\sim87\%$。在冷藏期间，要特别注意调节控制温度和湿度。温度忽高忽低，会增加细菌的繁殖速度或使包装材料受潮而影响蛋的品质。为了防止库内不良气体影响蛋的品质，要定时换入新鲜空气，换气量为每昼夜 $2\sim4$ 个库室内容积，换气过量会增大蛋的干耗量。

在鲜蛋冷藏期间，大约每 10 天在每垛中抽查 $2\%\sim3\%$ 的蛋，鉴定其品质，以便确定保存时间的长短。对于不能长期存放的鲜蛋要及时处理。一般冬、春季节的蛋可冷藏半年，夏、秋季节的蛋最多不超过 4 个月就要出库。

二、蛋的加工

鸭、鹅蛋营养丰富，适宜人体的营养需要，是水禽产品加工的重要方面。鸭、鹅蛋含有丰富的营养成分，如蛋白质、脂肪、矿物质和维生素等。鹅蛋中含有多种蛋白质，最多和最主要的是蛋白中的卵白蛋白和蛋黄中的卵黄磷蛋白。蛋白质中富有人体所必需的各种氨基酸，是完全蛋白质，易于人体消化吸收，其消化率为 98％。鸭、鹅蛋中的脂肪绝大部分集中在蛋黄内，含有较多的磷脂，其中约有一半是卵磷脂。这些成分对人的脑及神经组织的发育有重大作用。蛋中的矿物质主要含于蛋黄内，铁、磷和钙含量较多，也容易被人体吸收利用。蛋中的维生素也很丰富，蛋黄中有丰富的维生素 A、维生素 D、维生素 E、核黄素和硫胺素。蛋白中的维生素以核黄素和尼克酸居多。这些维生素也是人体所必需的维生素。

（一）商品蛋的主要用途

商品蛋是指专门供给人们消费和加工的鸭、鹅蛋，包括不合格或停孵后的种蛋、无精蛋、专门饲养母禽所产的蛋，其用途比较广泛。

1. 直接供食用　新鲜的鹅蛋可供人们煮、蒸、炒、煎等熟制食用，或者作为食品工业原料，加工蛋糕、面包等食品。

2. 加工再制蛋　再制蛋是指经过加工仍保持蛋的原有形态不变。再制蛋是利用新鲜蛋经盐、碱、糟等辅料制成别有风味的皮蛋（松花蛋、彩蛋）、咸蛋（腌蛋）和糟蛋等。再制蛋不仅具有良好的风味，而且保存时间长，是人们喜爱的菜肴。

3. 加工熟制蛋　熟制蛋是指利用新鲜蛋经过高温处理后制成的具有一定风味的熟制蛋，包括茶蛋、虎皮蛋和卤蛋等。

4. 加工蛋制品　蛋制品是指利用新鲜蛋的内容物加工制成的蛋品。主要制品有冰冻类和干蛋类。冰冻类是将蛋壳去掉用蛋液冻结而成制品，有冻全蛋、冻蛋黄、冻蛋白之分。这些冰冻类蛋制品主要用于食品工业。干蛋类是去掉蛋壳，利用内容物经加工制成干蛋品，有全蛋粉、蛋黄粉、蛋白粉之分。这些干蛋类制品不仅为食品加工所利用，而且还可为纺织、皮革、造纸、印刷、医药、塑料、化妆品等工业所利用。

（二）几种蛋制品的加工方法

1. 松花蛋的加工方法 松花蛋又名皮蛋、彩蛋。它不但具有美丽的花纹，还具有特殊清香味。

原料：纯碱（Na_2CO_3，即无水碳酸钠，含碳酸钠在96%以上）、生石灰（CaO，要求块大体轻，有效氧化钙含量达70%以上）、食盐（$NaCl$，含氯化钠达36%以上）、茶叶（以红茶末为佳。其他茶叶也可，但用量要加大）。有的为加快成熟度还加黄丹粉（即氧化铅 PbO，用量不能超过食品卫生规定的含量标准）。黄丹粉属有毒物质，所以旧有配方已逐渐被硫酸锌所替代，而称为无铅松花蛋，更受消费者欢迎。

常规配料方法：每100枚蛋需纯碱400克，生石灰1 250~1 500克，红茶末100~150克，食盐150~200克，黄丹粉7.5~10克，水5~6千克。

制作方法：挑选蛋壳坚实、完整、无裂纹的新鲜蛋，并将其洗干净，摆放在缸内。配料要用两个容器，一个容器加1 500毫升水，放入茶叶煮开，然后放入纯碱充分搅拌，使其溶解；另一个容器装水3 000毫升，并将生石灰分2~3次投入，待石灰停止沸腾时，加入食盐搅拌，待充分溶解后，将不溶解的石灰杂质捞出。然后再将两个容器中的溶液倒入一起搅拌均匀，再加入黄丹粉，最后加水到5 000毫升，搅拌均匀后，倒入放蛋的缸内，压上竹盖，使料液淹没蛋面。密封缸口，在常温下（20~25℃）1个月左右即成熟。

2. 咸蛋制作方法 咸蛋又名盐蛋、腌蛋，是用食盐溶液腌制而成的蛋品。鹅蛋脂肪含量比较高，适宜腌制。食盐水溶液有一定的防腐能力，可抑制蛋内微生物和酶的活动，延长蛋的保存期，同时还改善蛋的风味。咸蛋的加工方法，各地有所不同，但较多采用的是盐泥涂布法、盐水浸泡法及草灰法等。

（1）**盐泥涂布法**　鸭、鹅蛋 80～100 个，食盐 0.6～0.75 千克，干黄泥粉 0.65 千克，冷开水 0.4～0.45 千克。将食盐放入瓦缸或塑料桶中，加入清水，稍加搅拌，待盐全溶后加黄泥，并适当搅拌，使之成为均匀的泥浆。泥浆是否适度，可取一个蛋放入泥浆中，如果该蛋一半浮在上面，一半沉入泥浆内便为适度。把挑选的新鲜蛋，放进泥浆中，使全蛋粘满泥浆后取出放到缸内或箱内，经 20 天左右便成咸蛋。有些地方，在涂盐泥后再滚灰，使蛋彼此不相粘连。

（2）**盐水浸泡法**　清水和盐按 4∶1 配备，即 1 千克清水加 0.25 千克盐。浸泡时以盐水能浸过蛋面为准。腌多少蛋，就配多少盐水。将盐和清水放入缸内，充分搅拌，使盐全溶后，把蛋放入盐水中，经 15～20 天便成咸蛋。也可按 20％的盐水浓度配制盐水，即 40 千克开水加 8 千克食盐，放在容器中搅拌，使盐全溶，冷至 20℃左右便将挑选好的蛋放进盐水中浸泡，经 30 天左右即成。盐水腌制的蛋，成熟比盐泥涂布法快，这是由于盐水对鲜蛋的渗透作用较盐泥为快。

（3）**草灰法**　鸭、鹅蛋 80～100 个，草灰（以稻草灰为主）2 千克，食盐 0.6 千克，清水 1.8 千克。先把清水煮沸后倒入食盐中，适当搅拌，待盐全溶解冷却后加入稻草灰，边加边搅拌均匀，使灰浆稀稠适度。灰浆准备好后，将挑选合格的鹅蛋逐个放入灰浆中，使全蛋粘上灰浆，再行滚灰，即把粘有湿料的蛋再包上一层草灰。包的草灰要厚薄适中，如果包得过厚，会吸去湿料的水分，影响蛋腌制成熟时间。包好后的蛋放在缸内，加盖密封，经 30～45 天便可成熟。腌制成熟的碱蛋，在 25℃以下的条件，可保存 2～3 个月。

3. 茶叶蛋制作方法　茶叶蛋是人们熟悉的一种熟制蛋品。

其做法是：将鲜蛋煮熟后凉透，轻敲蛋壳使其有多处裂纹，再放入锅中加一定量凉水、食盐、酱油、油茶、八角、陈皮、桂皮、花椒等一起熬制而成。各种作料的用量要依据蛋的多少而定。这种熟制品热食较好，有五香风味，故称五香茶蛋。

第三节　羽绒的生产与加工

我国羽绒工业经过 20 世纪 80 年代以来的大发展，已经成为国民经济不可忽视的新兴产业，是国民经济的重要组成部分。据国家统计局统计，目前全国乡以上羽绒及制品企业 4 300 余家，其中产值超过 100 万元以上的企业有 2 800 余家，总产值约 260亿元，年产品销售收入约 239.2 亿元，利润 50.5 亿元，税金总额 5.86 亿元。年产羽绒服 8 200 万～8 800 万件，羽绒被 842.5万条。在计划经济时期，羽绒工业的所有制结构是单一的公有制经济，国有企业一统天下。改革开放以后，逐步放开了羽绒制品的经营权。在社会主义市场经济条件下，私营企业、外资企业都可经营羽绒商品，从而形成国营、集体、民营、外资（包括中外合资）等多种所有制并存的经济结构。各种所有制所占比重目前尚无准确统计。据粗略统计：公有经济约占 35%，民营经济约占 45%，外资（包括中外合资）约占 20%。

一、影响羽绒生长的因素

正常的羽绒发育过程中涉及遗传、环境气候、饲养管理、营养条件等因素，其中营养是影响羽绒结构和生长发育的主要因素。

1. 营养条件　从羽绒的成分看，89%～97% 由蛋白质组成。日粮中蛋白质含量的多少，直接影响羽绒的生长及构成。由于羽绒的生长发育是伴随着整个机体的生长发育和新陈代谢进行的，所以在配合日粮中不仅要考虑生长羽绒的营养需要，还应考虑整个鸭、鹅机体的营养需要。其次氨基酸、维生素、微量元素等也要考虑。在活体拔羽绒鸭、鹅的日粮中加入适量的羽绒粉，对机体健康、新羽绒的加速生长和提高羽绒质量均有明显的效果。

2. 环境气候 冬季羽绒数量较多，绒层较厚，含绒量较高，质量好。夏季既少又差，甚至会自动掉毛。

3. 品种 一般来说，体型大而健壮的个体羽绒比较丰满、浓密，绒层厚。白羽品种羽绒的质量优于灰羽品种。从出售价值来看，白羽绒比灰羽绒高20%左右。

4. 饲养管理 在水、草、料丰盛时，个体生长发育正常，羽绒数量多、质量好，富有光泽。要注意搞好禽舍环境卫生，避免粪尿污染羽绒。

5. 生长部位 根据对皖西白鹅分析，在羽绒总重量中，胸部占18.07%，腹部占10.56%，背部占24.37%，腿部占4.68%，颈部占12.82%，翅、尾占29.5%。

二、羽绒的采集方法（以鹅为例）

目前羽绒采集方法有两种：一是一次性宰杀取毛法，二是活体多次拔毛法，前者又可分湿拔法和干拔法两种。

1. 一次性宰杀取毛法

（1）湿拔法 鹅宰杀放血后，即放入70℃左右的热水中浸烫2~3分钟，使体表组织松弛，羽毛容易拔下。烫毛时要注意水温不宜过高，浸烫时间不宜过长，否则绒毛会收缩卷曲，色泽暗淡，同时鹅体在拔毛时容易受到损伤。此外绒朵往往混在水中，要尽量捞取，这是鹅毛中最珍贵的部分。然后捡掉喙皮、脚皮等杂质，脱水后晒干或烘干，晒场应选在避风向阳的水泥地面。在阴雨天气，湿毛无法晾晒时，应平铺在室内，有条件的地方，可采用脱水机脱水或烘干机烘干的方法。晒干的羽毛应及时装在透气的袋中，贮存在干燥、通风之处。大批量屠宰时，一般采用机器拔毛。先把活鹅两脚夹住，倒挂在机器转盘上，宰杀致死后，放进热水锅，流入带皮辊的脱毛机，把羽毛脱打下来。

湿法取毛要经过 70℃ 左右的热水浸烫和日晒干燥等过程，在生产中破坏了部分绒朵结构，使蓬松度下降，弹性减弱，绒羽丢失严重，还容易混入泥沙等杂质，如遇阴雨天气，潮湿的毛绒容易结块成团、发霉变质以致虫蛀。

（2）干拔法　在安徽、河南和吉林省的一部分地区有手工干拔羽毛的习惯。宰杀后的鹅在血即将流尽时，还保持一定的体温，就立即开始拔毛，否则体温下降，毛孔紧缩，就不容易顺利拔下。对比较难拔的翅翼和尾羽，最后用热水浸烫后再拔。这种方法拔下来的羽毛，保持原有毛形，色泽光洁，杂质少，但费工较多。目前国外已有干拔毛机帮助人工拔毛。

2. 活体多次拔毛法

（1）优点　由于不经热水浸烫，羽毛蓬松，结构完美，也不容易产生"飞丝"（羽毛断碎后产生的单羽丝），基本不含杂毛和杂质，采集和收购时可分色存放，加工时可减少工序，制成的羽绒服无"印花"现象；同时，可以利用种鹅的育成期和休产期、肥肝鹅填饲前进行活体多次拔毛，从而提高了产量和综合利用效益。

（2）拔毛前的准备工作　室外拔毛要选择晴朗无风的天气。一般都在室内进行，先将场地打扫干净，地面铺干净的塑料布，门窗关好。要拔毛的鹅在几天前多给游泳，洗净羽毛，在拔前16 小时停食（不停水），以免操作时排便污染羽绒。对第一次拔毛的鹅，也可在拔毛前 10～15 分钟给每只鹅灌喂白酒食醋液 10毫升（白酒与食醋的比例约为 1：3），可减轻鹅的痛苦，羽毛也较易拔下。准备好盛毛的容器，如塑料盆和塑料袋，拔毛时可先将毛放入盆内，然后再装入塑料袋。还要准备好紫药水或红药水、棉球及消毒过的针线。操作人员戴上工作帽和口罩。另外要腾出一间清洁干燥的空鹅舍，经消毒后垫上清洁的干草，将拔完毛的鹅先养在这里，以免感染。

（3）操作方法　一人操作时，坐在小凳上，使鹅腹部朝上，头朝术者，放在膝盖上，用双膝夹住双翅，将鹅固定，左手按压皮肤，右手拔毛，拔毛的顺序是由颈、胸、腹、体侧、腿、尾根，然后翻转鹅体，术者用双膝夹住鹅腿，左手抓住翅膀和头颈使之固定，右手拔毛，由颈、肩、背，直至尾。翅膀、尾部大羽和血管毛不拔。也有两人或 3 人合作拔毛的，方法相似，其他人只起捉鹅、保定等助手作用，效率不如一人操作高。

（4）注意事项　拔毛时手要紧贴鹅的皮肤，用拇指和食指紧紧握住毛根，以尽可能少产生飞丝，也较容易拔。拔时不要贪多，少抓几根，要突然用力一下拔掉，动作利索，连根拔起，切不可慢扯硬拉。拔毛以顺拔为主，有时也可以倒拔。拔毛要有顺序，一排紧挨一排切忌东抓一把，西抓一把。如小范围拔破皮肤造成出血，可涂些紫药水或红药水，如果伤口大，则要缝合，作抗菌处理，并停止拔毛。拔毛后 3 天应避免下水、雨淋和日晒，另外要加强饲养管理，多喂青绿饲料和高蛋白质饲料。经 6～7 周后可再次拔毛。

3. 药物脱毛及快速催羽　由于人工活拔羽绒较为费工，而且易拉破皮肤，近年来又推出了药物脱毛的方法，可避免上述情况的发生。

脱毛药物为复方环磷酰胺片剂，商品名是复方脱毛灵。它是一种潜化型氮芥类药物，本身无活性，进入体内后经过肝微粒体的氧化酶作用，生成有活性的代谢物及其衍生物，经血液流经皮肤，抑制毛囊和毛根细胞的正常代谢过程，使细胞发生暂时性可逆性营养不良，使生长的毛根变细，而易于脱落。

在拔毛前 13～15 天给药，剂量为每千克体重 45～50 毫克，口服。投药时，将鹅嘴掰开，把药片塞入舌的根部，要塞得深一些，以免吐出，服药后让鹅多饮水。鹅服药后 1～2 天食欲减退，个别鹅排出绿色稀粪，过 1～2 天就会恢复正常。拔毛操作及随后的护理同前。最近还有药物脱毛后快速催羽的报道，即给拔毛后每千克体重活鹅按硫黄 0.5 克、硫酸锌 0.5 克、石膏 1 克、蚕沙 1 克、土获苓 1 克，拌入饲料中喂给，每天 1 次，连喂 25 天，可提早半个月进行第二次拔毛。上述方法各地可结合当地品种先进行小量试用，取得经验后大批量投产。

4. 活体拔毛后的饲养管理

（1）活体拔毛的鹅皮肤裸露，3 天内不要在阳光下暴晒，5～7 天内不要下水。对皮肤有伤的鹅要加强管理，防止感染，等伤口愈合后再下水。

（2）拔毛的鹅与没拔毛的鹅要分群饲养，拔毛后公、母鹅以及皮肤有伤的鹅也要分开饲养。

（3）鹅舍要清洁干燥，垫料柔软干净，夏季防蚊虫叮咬，冬季注意保暖防寒。

（4）每天每只鹅补饲 150～180 克全价饲料，注意各种矿物质和微量元素的合理供给，最好在饲料中加入 2%～3% 的水解羽毛粉等含硫氨基酸的蛋白质饲料，以更好地满足羽绒生长所需的营养物质。

（5）拔羽绒 7 天后，应经常让鹅洗浴，多放牧，多食青草，这些都有助于提高羽绒的再生速度和品质。

三、羽绒的整理及贮存

采集后的羽绒整理是对羽绒原料产品的初步加工。方法是依据羽绒采集方法而定。

1. 水烫羽绒的整理　水烫法所采集的羽绒，含水量大，各类羽绒混杂，杂质较多。应首先处理大量的水分，方法是自然蒸发或用甩干机甩干。

（1）自然蒸发　绝大多数是采用晾晒，将采集的羽绒装入透气纱布袋或塑编袋内，放在向阳通风、干燥的地方晾晒。还可以在水泥地面（或水泥平台）上，四周和顶上罩上细网晾晒，此法晾晒容量大，通风通气好。可缩短晾晒时间。

（2）机器甩干 有条件的可将羽绒装入透气透水的布袋内，放入甩干机里甩干。

（3）分类整理 干燥后的羽绒应送入分毛机进行风选，通过鼓风机吹风使羽绒在风箱内飞舞，由于毛片、绒羽，大小翅梗和杂质的比重不同而分别落入不同的箱内，风选时要注意保持风速的一致。其次是将两翼的大毛及有用途的大毛挑拣出来，将完整无损的打成捆，单独存放。这部分羽绒单独存放有经济价值，如混入羽绒内则无经济价值。

2. 蒸拔与干拔羽绒的整理 蒸拔与干拔所获得羽绒相近，均是按照羽绒结构分类采集羽绒的方法。这种方法采集的羽绒不混杂，杂质较少。但蒸拔羽绒要比干拔的羽绒水分多，需要晾晒。这两种方法所获得羽绒主要是按羽绒分类及用途整理。

（1）绒羽的整理 绒羽实际上就是购销单位所谓的绒子或高绒。它的价格很贵，羽绒生产中的效益主要是由绒羽决定，因此，整理好绒羽是提高效益的主要手段。绒羽的整理主要是除去多余水分和将含绒率整理到基本一致的水平。蒸拔绒羽去水分的方法是晾晒。晾晒中要拣去杂质和正羽，提高绒羽的质量。鹅的个体含绒量不一致，采集后的绒羽含绒量每批也不相同，因此，在晾晒后装袋前应进行平堆，将不同批次的羽绒放在大屋内进行混合均匀，使含绒量达到基本一致，以便在销售时，减少质检误差，提高收益。

（2）正羽的整理 正羽的形状大小不同，其用途也不同。正羽的整理主要是按用途整理，如两翼的飞翔羽主要是做羽毛球和羽毛扇、羽毛画等，所以应将刀翎和其他大翅羽分别整理出来，分别包装贮存。总之，凡是有专门用途的正羽都应单独整理，其他正羽可混入一块，供羽绒厂加工使用。

3. 活拔羽绒的整理 活拔羽绒质量比较高，杂质少，也比较干净。它的整理有利于提高产品规格和收益。整理方法是平堆。就是将采集的羽绒混合掺匀，使含绒率达到基本一致。活拔羽绒无论是混合采集或是绒羽、正羽分别采集，均应进行平堆整理，使含绒率基本一致时，才能装入袋中贮存。

4. 羽绒的贮存　贮存的目的是使羽绒在出售和加工前，保持原有的构造、形态、和特性不变，同时也要防止羽绒失落或污染。

贮存时应将羽绒装入透气防潮布袋里扎好袋口。贮存羽绒的库房要求通风良好，清洁，要防止阳光直射。屋内要严密，无鼠害和其他动物危害。羽绒袋的堆放要离开地面和墙壁30厘米左右，对贮存的羽绒要经常检查，特别是气温高时更应及时检查，防止受潮、发热、虫蛀、霉变和鼠害等。

四、羽绒的初步加工

1. 风选　将收购或采集的羽绒清除石块、铁块等硬杂物后分批倒入摇毛机内，由于片羽、绒羽、灰沙、尘土、脚皮等比重不同分别落入承受箱内，然后分别收集整理各种类型羽绒。为了保证质量，应注意风速保持均匀一致，将选出的羽绒装成大包送往捡毛间。

2. 捡净　将风选后的羽绒再一次捡去杂毛和毛梗，并抽样检查，看含灰量及含绒量是否符合规定标准。

3. 洗涤　在饲养过程中鹅羽绒或多或少受到灰尘、油脂等污染。因此，根据要求，若有必要，应在初加工中用羽绒清洗剂洗涤羽绒，以除去油脂和灰尘，消除异味。羽绒主要成分是蛋白质，受酸、碱刺激易变性、变色，所以应用中性洗涤剂，水温为50～55℃，而且用专用的清洗机。

4. 脱水　即清除洗涤后羽绒中的水分，使羽绒变得干燥、蓬松，恢复原来应有的状态。先将羽绒放入甩干机中甩掉大量水分，然后在烘干机中烘干，烘干还能除味消毒。

5. 拼堆　将捡净或洗涤烘干后的羽绒，根据其品质成分按照所需绒羽和片羽的比例，进行适当调整，并拼堆混合，使含绒量达到成品要求的标准。

6. 包装　将拼堆后的羽绒采样复检，若合乎标准，则倒入打包机内打包（每包重约 165 千克），然后取出，缝好包头、编号、过秤即为成品。

第四节　肥肝生产技术

肥肝是采用人工强制填饲，使鹅、鸭的肝脏在短期内大量积贮脂肪等营养物质，体积迅速增大，形成比普通肝脏重 5～6 倍，甚至十几倍的肥肝。由于其质地细腻，味鲜而别具风味，越来越受到广大消费者的青睐。

一、品种的选择

1. 鹅的品种　中国用于生产鹅肥肝的品种主要有大型的狮头鹅、中型的溆浦鹅和小型的永康鹅。这些品种鹅多数具有颈细长的特点，使得填饲困难，加之没有经过对肥肝性能的选择，食道黏膜对填饲刺激的抵抗力较弱。为了选择具有优良特性，能克服上述缺点的新品种鹅，可以利用朗德鹅在外形和肥肝生产性能方面的优势，用中国本地鹅和朗德鹅杂交的后代鹅生产肥肝。经试验证实，其杂交后代的肥肝生产性能比本地鹅有很大的提高。

2. 鸭的品种　我国鸭的种类很多，但能投入肥肝生产的品种不多。我国最早用于生产肥肝的鸭种是建昌鸭，目前用于生产肥肝的主要是北京鸭、麻鸭和高邮鸭等大型肉鸭品种。实践证实，用瘤头鸭公鸭和北京鸭母鸭之间杂交产生的骡鸭生产肥肝，效果比较好。

二、填饲肥肝鹅、鸭的适宜周龄、体重和季节

1. 填饲适宜周龄与体重　鹅、鸭填饲适宜周龄和体重随品

种和培育条件而不同。但总的原则是要在其骨骼基本长足、肌肉组织停止生长，即达到体成熟之后进行填饲。一般大型仔鹅在 15～16 周龄，体重 4.6～5.0 千克时填饲；兼用型麻鸭在 12～14 周龄，体重 2.0～2.5 千克时填饲；肉用型仔鸭体重 3.0 千克时填饲；瘤头鸭和骡鸭在 13～15 周龄，体重 2.5～2.8 千克时填饲。采用放牧饲养的鹅和鸭，在填饲前 2～3 周补饲粗蛋白质 20% 左右的配合饲料或颗粒饲料，为进入填饲期大量填饲打下良好的基础。

2. 季节的选择　肥肝生产不宜在炎热季节进行，主要是考虑到水禽在高能量饲料填饲后，皮下脂肪大量贮积，不利于体热的散发。如果环境温度过高，特别是到填饲后期会出现瘫痪或发病。实际生产中，填饲最适温度为 10～15℃，也有在 20～25℃ 的温度下进行的，效果变化不大，但是 25℃ 的温度下进行填饲则很不适宜。相反，填饲家禽对低温的适应性较强。在 4℃ 气温条件下对肥肝生产没有不良影响，但如果室温低于 0℃ 以下，则应注意防冻。

三、填饲饲料的选择和调制

1. 填饲饲料的选择　玉米是最佳的填饲饲料，玉米含能量高，容易转化为脂肪积贮，而且玉米的胆碱含量低，使肝脏的保护性降低。因此，大量填饲玉米易在肝脏中沉积脂肪，有利于肥肝的形成。玉米的颜色对肥肝的色泽也有明显的影响，用黄色或红色玉米填饲的肥肝，色泽较深。

2. 填饲玉米的调制

①水煮法　将用于填饲的玉米淘洗后，倒入沸水锅中，水面浸没玉米粒 5～10 厘米，煮 3～6 分钟，捞出沥去水分；然后加入占玉米重量 1%～2% 的猪油和 0.3%～1% 的食盐，充分拌匀，待凉后供填饲用。

②干炒法　将玉米粒在铁锅内用文火不停翻炒至八成熟，待

玉米呈深黄色时为止。填饲前再用热水将玉米浸泡 1~1.5 小时，沥干后加入 0.5%~1% 的食盐，拌匀后填饲用。

③浸泡法　将玉米粒置于冷水中浸泡 8~12 小时，随后沥干水分，加入 0.5%~1% 食盐和 1%~3% 的动（植）物油脂。

实践证实，上述 3 种玉米的常用调制方法均可获得良好的填饲效果。其中，浸泡法比水煮法和干炒法要简便易行，节省劳力和调制加工费用。

四、填饲期、填饲次数和填饲量

1. 填饲期和填饲次数　填饲期的长短要根据填饲鹅和鸭的成熟程度而定。目前，填饲期主要有 14 天、21 天、28 天。鹅的填饲期较长，鸭则较短。填饲期越短，生产的肥肝越理想；填饲期越长，伤残越多。填饲期与日填饲次数有关，一般鹅日填饲 4 次，鸭日填饲 3 次，骡鸭日填饲 2 次。

2. 填饲量　日填饲量和每次填饲量应根据鹅和鸭的消化能力而定。填饲初期，填饲量应由少到多，随着消化能力增强逐渐加量。每次填饲时应先用手触摸鹅、鸭食道膨大部，如上次填饲料已排空，则可增加填饲量；如仍有饲料贮积，说明上次填饲过量，消化不良，应用手指帮助把食道中的积贮玉米捏松，以利消化，严重积食的可停填 1 次。

在消化正常的情况下，则应尽量填足，使大量脂肪转运到肝脏组织贮积，迅速形成肥肝。鹅和鸭每天填饲量为：小型鹅的填饲量以干玉米计为 0.5~0.8 千克，大、中型鹅为 1.0~1.5 千克；北京鸭 0.5~0.6 千克，骡鸭为 0.7~1.0 千克。达到上述最大日填饲量的时间越早，说明禽的体质健壮，肥肝效果也越好。

五、填饲期的管理

1. 育肥舍保持干燥　填饲鹅、鸭一般采用舍饲垫料平养，要经常更换垫料，保持舍内干燥。填饲后期，肥肝已伸延到腹部，如圈舍地面不平，极易造成肝脏机械损伤，使肥肝局部淤血或有血斑，影响肥肝的质量。

2. 供给充足的饮水及限制活动　要保持清洁饮水的供应，以满足育肥禽对饮水的迫切需要。但在填料后 30 分钟内不能让鹅和鸭饮水，以减少它们甩料。另外，在饮水盘中可加一些沙砾，让其自由采食，以增强消化能力。在填饲期内，应限制育肥鹅和鸭的活动。以减少能量消耗，加快脂肪沉积。

3. 保持育肥舍的安静　鹅和鸭富于神经质，易受外界噪声和异物的惊扰而骚动不安，这会影响消化、增重和肥肝增长。另外，舍内光线宜暗，饲养人员要细心管理，不得粗暴驱赶鹅、鸭群和高声喧嚷。

4. 饲养密度合理　一般每平方米育肥舍可养鸭 4～5 只、鹅 2～3 只。饲养密度大，会造成互相拥挤碰撞，影响肥肝的产量和质量。舍内围成小栏，每栏养鹅不超过 10 只，鸭不超过 20 只。

六、屠宰工艺（以鹅为例）

（一）屠宰

由于鹅个体间的差异，有早熟晚熟之别，所以生产肥肝与生产肉用仔鹅不同，不能确定一个统一的屠宰日期，应根据鹅的表现分别对待。成熟的立即屠宰，对精神好，消化能力强没有出现肥肝已经成熟表现的鹅要继续填饲待充分成熟后屠宰。屠宰取肝是肥肝生产的最后一道工序，必须细心、严格，这样才能获得优质肥肝。

1. 宰杀与浸烫　宰杀前挑选肥肝成熟的鹅，从填饲笼中抓出，抓住鹅的两腿胫部倒挂在宰杀架上，头向下，采用人工割断气管和颈部血管放血 5 分钟的方式，放血要充分，之后将屠体立即放在 65～68℃的热水中浸烫，在浸烫时要勤翻动，使屠体各部位羽毛都能浸烫均匀，时间大约 1 分钟。为了使浸烫适度可在浸烫的同时随意试拔翅膀上的大羽，当能顺利拔下为准。浸烫时注意不能使屠体挤压，以免损伤肥肝。

2. 脱毛　对浸烫好的屠体要立即从热水中取出，轻放在案板上，要腹部向上，趁热将胫、蹼和喙上的表皮捋去，之后用左手固定鹅体，右手依次拔翅羽、背尾羽、颈羽和胸腹部羽毛，拔净大羽毛后再拔细毛。之后将鹅放在清水池（盆）中再拔残存的羽毛，对不易拔净的纤羽可用酒精喷灯燎除，拔毛时注意不能碰撞腹部，更不能使屠体互相挤压以免损伤肥肝。脱毛还有机械脱毛法，因使用机械脱毛很容易损伤肥肝，所以一般多采用人工脱毛法。

3. 预冷　脱毛后的屠体要立即装盘，腹部向上单层排列送入 4～8℃的冷库预冷 18 小时之后才能取肝。因为预冷后腹内脂肪以及肥肝变硬又不冻结，这样才能安全取肝。如果脱毛后不经预冷就取肝，由于脂肪熔点为 32～38℃，很容易使脂肪流失，肥肝含脂肪 60％，也容易抓碎。因此，取肝前必须经 18 小时的预冷。

4. 取肝　取肝时先将屠体从冷库取出，操作者将屠体腹部向上放在操作台上，尾部朝向操作者，左手固定屠体，右手持刀，根据操作者的习惯可采用横向剖腹法、仿法式剖腹法和开胸剖腹法，腹部剖开后要将肝与其他内脏分离，小心取肝，不能划破肥肝和胆囊，保持肥肝完整。肥肝取出后要进行修整。用小刀切除附在肝上的神经纤维、结缔组织、残留脂肪和胆囊下的绿色渗出物，如肥肝上有淤血、出血斑和破损部分也要切除，之后将肥肝放在 0.9％的盐水中浸泡 10 分钟，再捞出沥干，称重分级。

5. 分级

（1）特级　肥肝重 600 克以上，结构良好，无内外斑痕，呈浅黄色或粉红色。

（2）一级　肥肝重 350～600 克，结构良好，无内外斑痕，呈浅黄色或粉红色。

（3）二级 肥肝重 250～350 克，允许略有斑痕，有脂肪感，柔软而结构清晰。

（4）三级 肥肝重 150～250 克，允许略有斑痕，颜色较深。

（5）四级 肥肝重 150 克以下，也称等外级。

肥肝的颜色与玉米颜色有关，据试验观察，用白玉米填成的肥肝颜色较浅，而用黄玉米、红玉米填成的肥肝颜色较深呈米黄色。选用哪种颜色的玉米主要根据消费者的要求决定，但由于填饲机的铜管一般为 18～20 毫米，所以选用小粒玉米比较合适。

（二）鹅肥肝的包装与运输

取好的鹅肥肝逐只装入无毒的塑料袋内，之后平放在铁盘上，再放入零下 28℃的冷库中速冻 24 小时，然后取出再按级别分别放入特制的纸盒中，纸盒有大有小，可 1 只鹅肝放在 1 个纸盒中。盒上印有品名、等级、重量等，并可在盒上注明生产日期、加工方法等，之后放在零下 18℃的冷库中，这样可保存 2～3 个月。至于肥肝的运输要视路途远近、用货时间等采用火车、船或飞机空运。不论采用哪种运输方法，鹅肥肝从冷库取出前要根据数量将肥肝装入塑料保温箱中，之后出库运走。如果运输鲜肥肝可进行真空包装，还可注入氮、二氧化碳等气体以提高保鲜质量。但鲜肥肝运输从包装、运输直到消费者手中时间越短越好，最长也不能超过 1 周。综上所述，要生产鹅肥肝必须具备下列条件：

（1）有生产鹅肥肝的专用品种。

（2）具备生产鹅肥肝的设备和技术力量。

（3）具备相应的冷库设备。

（4）有销售渠道。

为此，广大养鹅饲养户要根据自己的条件和能力慎重考虑生产鹅肥肝的问题，没有条件不能盲目生产，以免造成经济损失。

第八章　水禽常见病防治

第一节　免疫程序

鸭的免疫程序见表8-1至表8-2。

表8-1　大型肉鸭祖代和父母代鸭基础免疫程序

日龄	疫苗种类	接种方法
产蛋前	鸭Ⅰ型肝炎病毒鸡胚化弱毒疫苗	进行2次肌内注射，间隔2周，每次1毫升
1日龄	鸭瘟鸡胚化弱毒疫苗	肌内注射1毫升
2日龄	番鸭细小病毒弱毒疫苗	肌内注射0.2毫升，15日后再注射1次
2周龄	鸭大肠杆菌灭活苗	肌内注射，每只1毫升
2月龄	禽霍乱氢氧化铝菌苗	肌内注射，每只2毫升，8～10日后再注射1次
150日龄	产蛋下降综合征油佐剂疫苗	皮下或肌内注射0.5毫升

表8-2　商品代大型肉鸭基础免疫程序

日龄	疫苗种类	接种方法
1日龄	鸭瘟鸡胚化弱毒疫苗	肌内注射1毫升
2日龄	番鸭细小病毒弱毒疫苗	肌内注射0.2毫升，15日再注射1次

（续）

日龄	疫苗种类	接种方法
14 日龄	鸭传染性浆膜炎苗	肌内注射 1 毫升
2 月龄	禽霍乱氢氧化铝菌苗	肌内注射，每只 2 毫升，8～10 日后再注射 1 次

鹅的免疫程序见表 8-3。

表 8-3 鹅的免疫程序

日龄	疫苗种类	接种方法
1 日龄	抗小鹅瘟病毒血清 0.5 毫升	皮下注射或胸肌注射
5～7 日龄	小鹅瘟血清 0.5 毫升，也可注射小鹅瘟灭活苗，注射量按说明书注射	皮下注射
14 日龄	鹅疫-鹅副黏二联油乳剂灭活苗 0.3～0.5 毫升	胸肌注射
30 日龄	禽霍乱蜂胶苗 1 毫升（对非疫区可以推迟到 60 日龄注射）	胸肌注射
90 日龄	鹅疫-鹅副黏二联油乳剂灭活苗 0.5 毫升	胸肌注射
开产前 4 周	种鹅用小鹅瘟弱毒苗或强毒灭活疫苗 1 毫升	肌内注射
开产前 3 周	鹅疫-鹅副黏二联油乳剂灭活苗 1 毫升	胸肌注射
开产前 2 周	禽霍乱蜂胶苗 1 毫升	胸肌注射
开产后 90 日	种鹅用小鹅瘟疫苗 1 毫升	肌内注射
开产后 100 日	鹅疫-鹅副黏二联油乳剂灭活苗 1 毫升	胸肌注射
开产后 120 日	禽霍乱蜂胶苗 1 毫升	胸肌注射

第二节　常见病防治

一、鸭瘟

鸭瘟又名鸭病毒性肠炎，是鸭的一种急性败血性传染病。其特征为体温升高，两腿麻痹发软，腹泻，排绿色稀薄粪便，流泪，部分鸭头颈部肿大，故群众把它称为"大头瘟"。食道黏膜有小出血点，并有灰黄色的假膜覆盖或溃疡，泄殖腔黏膜充血、出血、水肿和假膜覆盖。肝有不规则的大小不等的出血点和坏死灶。本病发病迅速，发病率和死亡率都很高，严重威胁着养鸭业的发展。

【病原】病原为鸭瘟病毒，在分类学上属疱疹病毒科，具有疱疹病毒科的典型特征，有囊膜，病毒核酸型为 DNA。病毒存在于鸭体内各器官、血液、分泌物和排泄物中，肝、脑、食道、泄殖腔含毒量最高。病毒毒株间的毒力有差异，但各毒株的免疫原性相似。根据电子显微镜的初步观察，病毒呈球状，大小在 90～100 纳米。病毒能够在 10～12 日龄发育鸭胚的绒毛膜上生长繁殖，鸭胚通常在接种病毒后 4～6 天死亡。

鸭瘟病毒对外界的抵抗力不强，加热 80℃经 5 分钟即可死亡；夏季在直射阳光照射下，9 小时毒力消失；在秋季（25～28℃）直射阳光下 9 小时病毒仍存活。病毒在 4～20℃污染鸭舍内存活 5 天。但对低温的抵抗力较强，在 -7～-5℃经 3 个月毒力不减弱；-20～-10℃经 1 年对鸭仍有致病力。

本病毒对乙醚和氯仿敏感，对一般浓度的常用消毒药也较敏感，如 1%～3% 苛性钠（火碱、烧碱）溶液、10%～20% 漂白粉混悬液、5% 甲醛溶液等，均能较快地杀灭病毒。其他如直射阳光、高温干燥等因素，都不利于病毒的繁殖。

【流行病学】不同日龄、品种的鸭均可感染，但在不同品种中，以番鸭、麻鸭和绵鸭最易感，北京鸭次之。在自然感染条件下，成年鸭发病率与死亡率较高。30 日龄内的雏鸭较少发病。在人工感染时，雏鸭较成年鸭容易发病，且死亡率也高。这可能是成年鸭受传染获得自然免疫的机会较多，特别是在水网地区更为明显。在其他禽类中，鹅也能感染鸭瘟，但很少造成广泛流行。野鸭、野鹅（加拿大鹅）、大雁等，通过人工接种均易感，而在自然界中，常为带毒者。

鸭瘟的传染源主要是病鸭和带毒鸭以及潜伏期感染鸭，其次是其他带毒的水禽、飞鸟之类。这些带毒的禽类，特别是病鸭，很容易通过排出的粪便及其分泌物污染饲料、饮水、饲养工具等传播病毒。当健康鸭群与病鸭混群放牧，或间接食入污染的饲料时，均可感染发病，从而造成本病的流行。消化道感染是主要的传染方式。其他如通过滴鼻、泄殖腔、肌内注射等人工接种的方式，也可引起发病。某些吸血昆虫，也有可能是本病的传播媒介。

本病的发生与流行无明显季节性，但以春、秋鸭群的运销旺季最易发病流行。据报道，在低洼多水的地区，由于水源污染，本病的发生和流行较为严重。

当鸭瘟传入一个易感鸭群后，一般3～7天开始出现零星病例，再经3～5天陆续出现大批的病鸭，疾病进入流行发展期和流行盛期。整个流行过程一般为2～6周。如果鸭群中有免疫鸭或耐过鸭时，流行过程较为缓慢，流行期可达2～3个月或更长。

【症状】潜伏期一般为2～4天，病初体温急剧升高，一般高达43～44℃，呈稽留热型。病鸭表现精神萎靡，低头缩颈，食欲降低，渴欲增加，两腿发软，步态蹒跚，经常卧地，难于走动，如若强行驱赶，则见两翅扑地而走，走不了数步又蹲伏于地上。当病鸭两脚完全麻痹时，伏卧不起。这时，病鸭不愿下水，若强迫其下水，也不能游动，漂浮在水面，并挣扎回岸。

流泪和眼睑水肿是鸭瘟的一个特征性症状，病初流出浆液性分泌物，眼周围的羽毛沾湿，以后变成黏性或脓性分泌物，往往将眼睑粘连而不能张开。严重者眼睑水肿或翻出于眼眶外，翻开眼睑见到眼结膜充血或小点状出血，甚至形成小溃疡。自然病例和人工感染时，都见有部分病鸭的头颈部肿大，俗称"大头瘟"。此外，病鸭从鼻腔流出稀薄或黏稠的分泌物，呼吸困难，常伴有湿性啰音，叫声嘶哑，个别病鸭见有频频咳嗽。病鸭下痢，排绿色稀便，有时为灰白色，肛门周围羽毛被污染，常附有稀粪结块。泄殖腔黏膜充血、出血、水肿，严重时黏膜松弛外翻，黏膜面附有黄绿色假膜，不易剥脱。

病鸭的红细胞和白细胞减少，感染发病后 24～36 小时，血清白蛋白显著下降，β-球蛋白、γ-球蛋白有不同程度的上升，在临死前 24 小时上升幅度尤为明显。

病后期，体温下降，体质衰竭，不久死亡。急性病例，病程一般为 2～5 天，慢性病例一般在 7 天以上。有少数病鸭存活，表现消瘦，生长发育不良，角膜混浊较为典型，严重时，常形成单侧性溃疡性角膜炎。产蛋鸭群的产蛋量减少，一般减产 30％左右，随着死亡率的增高，可减产 60％以上，甚至停产。

【病变】鸭瘟的病变，以全身性急性败血症为主要特征。全身的浆膜、黏膜和内脏器官，有程度不同的出血性斑点或坏死。

皮下组织有不同程度的胶样浸润，尤以"大头瘟"典型病例较为严重，切开肿胀的皮肤，即刻流出淡黄色透明的液体。

口腔舌下部、咽喉周围见有溃疡灶。食管黏膜具有纵行排列的灰黄色假膜覆盖，此假膜不易剥脱，剥脱后呈现出不同大小的、特征性的红色溃疡灶。腺胃黏膜有出血斑点，有时在腺胃与食管膨大部交界处，有一条灰黄色坏死带或出血带，肌胃角质膜下层充血，有时出血。肠黏膜有充血和出血性炎症。小肠淋巴组织出血，呈带状，泄殖腔黏膜有出血性斑点和不易脱落的假膜或溃疡。

肝脏的早期病变有出血性斑点，后期出现大小不同的灰黄色坏死灶，在坏死灶周围有时可见环形出血带，而在坏死灶中心却常见小出血点。在肝细胞内能形成 A 型核内包含体。

脾脏呈黑紫色，体积缩小。心内膜和心外膜常有点状或刷状出血。胸腺和腔上囊也常有出血性病变。卵泡常有变形和泡内出血性病变。

【诊断】根据流行病学特点、症状和病变可作出初步诊断，但在本病的初发地区，应按要求采取肝、脾组织，送兽医检验部门进行实验室诊断。

鸭瘟和鸭出败某些症状很相似，应注意区别诊断，主要从以下五个方面来鉴别诊断。

1. 鸭出败又称鸭霍乱，病原为禽多杀性巴氏杆菌，一般发病急，病程短，流行期不长，除鸭、鹅外，其他家禽也能感染发病。鸭瘟流行时其他家禽不发病，发病相对缓慢一些，流行期也比较长。

2. 急性鸭霍乱的病鸭主要显现精神萎靡，食欲废绝，呼吸困难，口腔和鼻腔中有时有带泡沫的黏液，有时流出血水，频频摇头，随之死亡。而鸭瘟特有的流眼泪或眼睑封闭，两脚发软，不能站立，口腔后部黏膜出现假膜和溃疡，部分病鸭的头和颈部肿大，以及颈部皮下水肿、出血等症状，鸭霍乱是没有的。

3. 鸭霍乱和鸭瘟虽然都具有一般急性败血症的变化，但从一些具有特征性的病变来比较，不难鉴别。首先，在患有鸭瘟的鸭食管和泄殖腔黏膜处，经常可以见到结痂性或假膜性病灶，但在鸭霍乱是不存在的。这是两者一个重要的不同点。鸭霍乱的肺脏通常都有严重病变，表现弥漫性充血、出血和水肿，病程稍长的会出现纤维素性肺炎变化，而鸭瘟的肺脏变化并不明显，相反一部分患鸭瘟的鸭颈部皮肤可见明显的炎性肿胀。

4. 鸭霍乱一般用磺胺类和抗生素治疗，都有较好的疗效，而鸭瘟却无效果，这也可以作为鉴别诊断的一个根据。

5. 根据病原检查和动物接种试验，可以作为两种疾病的确诊。鸭霍乱取病鸭或病死鸭的心血和肝作抹片时，经瑞氏染色镜检，可见到两极着色的巴氏杆菌。鸭瘟诊断可用病毒中和试验和接种鸭胚来确诊。在鸭瘟流行中常并发巴氏杆菌病，因此，当查到巴氏杆菌时，如用抗生素和磺胺类药物治疗无显效者，应考虑两种病并发感染。

在诊断时，还应注意与鸭肝炎、鸭球虫病和成鸭坏死性肠炎进行鉴别诊断。

【防治】本病可用抗鸭瘟高免血清进行早期治疗，每只鸭肌内注射0.5毫升，有一定疗效。还可用聚肌胞（一种内源性干扰素）进行早期治疗，每只成鸭肌内注射1毫升，3日1次，连用2～3次，也可收到一定疗效。但更重要的是要加强综合防治工作。

1. 加强饲养管理，提高鸭群健康水平，增强抗病力。

2. 坚持自繁自养，需要引进种蛋或种雏时，一定要严格检验，确实证明无疫病感染后，方可引入场内。

3. 鸭场要健全必要的消毒设施，要有严格的防疫消毒制度，时刻掌握本地区的疫情动态，防止鸭瘟病原侵入场内，确保鸭群安全。

4. 一旦发生鸭瘟，要按国家防疫条例上报疫情，划定疫区范围，并进行严格的封锁、隔离、焚尸、消毒等项工作，被病毒污染的饲料要经高温消毒，饮用水可用碘伏类消毒药消毒，这类消毒药对鸭群无毒害作用。对疫区健康鸭群和尚未发病的假定健康鸭群，应立即接种疫苗。

5. 疫区肉鸭屠宰加工厂禁止收购有疫情场的鸭，要严格执行检疫检验制度。屠宰中发现的可疑病鸭及其内脏等，须经高温处理后利用或废弃。

6. 接种鸭瘟弱毒疫苗时，要严格按瓶签上标明的剂量接种。通常用生理盐水稀释疫苗，稀释倍数可根据每只注射量而定。例如，2月龄鸭，可稀释100倍，每只鸭肌内注射0.5毫升；5月龄以上的鸭，可稀释200倍，每只鸭肌内注射1毫升；30日龄以内的鸭，可稀释40倍，每只鸭肌内注射0.2毫升。雏鸭（1月龄以内）免疫期1个月，2月龄以上的鸭免疫期6～9个月。免疫程序应因地制宜，根据本地区有无疫情和鸭群情况，具体制订。

各种抗生素和磺胺类药物对本病均无治疗和预防作用。

二、鸭病毒性肝炎

鸭病毒性肝炎是雏鸭的一种传播迅速和高度致死性传染病。病的特征是发病急，传播快，死亡率高。临诊表现角弓反张，特征性病理变化为肝炎和出血。开始发病时的死亡率高达90%以上，常给养鸭场造成重大的经济损失。

【病原】病原为鸭肝炎病毒，有3个血清型，即Ⅰ型、Ⅱ型、Ⅲ型，我国流行的鸭肝炎病毒为Ⅰ型，3个血清型有明显的差异，无交叉免疫性。最常见的为Ⅰ型，属肠道病毒，病毒的大小20~40纳米，能够在发育的鸡胚的尿囊内生长繁殖，但不大适应一般的细胞培养。Ⅰ型、Ⅱ型、Ⅲ型均能在鸭胚或成纤维细胞和肾细胞上生长繁殖，对各种动物的红细胞均无凝集作用。

本病毒在自然界中有较强的抵抗力。例如，在污染的雏鸭舍内可存活10周以上；在潮湿的粪便污物中能存活1个月。含有病毒的胚液保存在2~4℃的冰箱内，700天后仍存活。病毒对一些理化因素的抵抗力也较强，例如，在56℃时加热1小时仍可存活；2%漂白粉、1%甲醛、2%苛性钠需要2~3小时才能杀灭。

【流行病学】本病主要感染鸭，在自然条件下不感染鸡、火鸡和鹅。经常发生于3周龄以内的雏鸭群，3~5周龄的雏鸭也可感染发病，成年鸭虽能感染，但不发病，成为带毒者。有人发现用鸭病毒性肝炎病毒人工感染1日龄和1周龄的雏火鸡、雏鹅及珍珠鸡，都能够产生本病的症状、病理变化和血清中和抗体，并从雏火鸡的肝脏中分离到病毒。本病在雏鸭群中传播很快，主要通过消化道感染。

病鸭和带毒鸭是主要传染源，康复的雏鸭可从粪便中排毒1~2个月。被病毒污染的场地、饲料、水面、饲养用具、人员和车辆等，都是该病的传染途径。鼠类和鱼塘中的鱼，也可能与本病的流行有关。易感鸭群在野外或舍饲条件下，可通过消化道和呼吸道感染，一旦感染便迅速传播。鸭蛋无垂直传递本病的作用。

本病一年四季都有发生，以冬、春季节发病较多，这可能与鸭舍卫生环境较差有关。一次严重的发病流行，发病率达100％，死亡率达90％。随着鸭日龄增长，发病与死亡率渐减。

【症状】本病潜伏期短，发病急，传播迅速，人工感染大约24小时。雏鸭开始发病时未见任何症状而突然死亡，几小时后就会波及全群，出现多种不同的临诊症状。病初，鸭精神萎靡，头颈短缩，两翅下垂，行动呆滞，食欲废绝，两眼闭合，呈现昏迷状态，不久死亡。有些病例则表现神经痉挛性抽搐症状。病鸭常侧卧，步态不稳，两肢抖动，倒地蹬踢，就地旋转，呼吸困难。临死之前，头颈背向，呈角弓反张之状，故有"背脖病"之称。本病的死亡率因年龄而有差异，1周龄以内的雏鸭死亡率可高达95％；1～3周龄以内的雏鸭的死亡率50％左右。

有少数病鸭腹泻，排黄白色或灰绿色稀粪。严重病鸭的喙部和爪尖呈紫红色。

【病变】本病特征性的病变是肝脏肿大，质地脆弱，色泽暗淡或稍黄，肝表面有大小不等的出血斑点，个别还有坏死灶。胆囊肿胀呈长卵圆形，充满胆汁，胆汁显茶褐色或淡绿色。脾有时肿大，表面有斑驳状花纹。肾有时肿胀和树枝状充血。胰腺肿大，其他器官没有明显的变化。

【诊断】突然发病，迅速传播和急性经过为本病的特征，病变特点是肝肿胀和出血，据此可疑为本病。一个更敏感可靠的方法是接种1～7日龄的敏感雏鸭，复制出该病的典型症状和病变，而接种同一日龄的具有母源抗体的雏鸭，则应有80％～100％受到保护，即可确诊。也可按规定采取病料送兽医检验部门进行实验室诊断。

病毒性肝炎与鸭瘟、鸭巴氏杆菌病和黄曲霉毒素中毒的鉴别诊断方法如下。

(1) 与鸭瘟鉴别　鸭瘟是鸭瘟病毒引起的一种高死亡率的急性传染病。虽然各种年龄的鸭均可感染发病，但 3 周龄以内的雏鸭较少发病死亡，而病毒性肝炎对 1～2 周龄的易感雏鸭有较大的发病率和致死率，超过 3 周龄的雏鸭不发病，这在流行病学上是重要的鉴别之一。患鸭瘟鸭的食道、泄殖腔和眼睑黏膜呈出血性溃疡和假膜为主要特征性病变，与鸭病毒性肝炎完全不同，可作为重要鉴别之二。用抗鸭瘟病毒高免血清和抗鸭病毒性肝炎的高免血清，在易感 1～7 日龄的雏鸭做交叉中和试验或交叉保护试验，可作为重要鉴别之三。必要时用鸭胚或鸡胚作为病毒分离检验。

(2) 与鸭巴氏杆菌病的鉴别　由多杀性巴氏杆菌引起的急性败血性传染病，发病率和死亡率很高。青年鸭、成年鸭比雏鸭更易感，尤其是 3 周龄以内的雏鸭很少发生，这在流行病学上是重要的鉴别之一。鸭巴氏杆菌病的鸭肝脏肿大，有灰白色针头大的坏死灶和心冠脂肪组织有出血斑，心包积液，十二指肠黏膜严重出血等特征性病变，与鸭病毒性肝炎完全不同，可作为重要鉴别之二。肝脏触片、心包液涂片，革兰氏染色或美蓝染色见有许多两极染色的卵圆形小杆菌。用肝脏和心包液接种鲜血培养基能分离到巴氏杆菌，而鸭病毒性肝炎均为阴性，可作为鉴别之三。

(3) 与黄曲霉中毒症的区别　黄曲霉中毒症亦可出现共济失调、抽搐和角弓反张以及胆管增生的显微病变，但不引起肝脏出血。

【防治】本病在加强饲养管理，严格防疫消毒制度，认真贯彻执行国家有关防疫条例的基础上，及时做好免疫接种工作，必要时还可采取有效的抗体疗法（也称被动免疫）。

1. 疫苗接种　目前使用的疫苗是鸭病毒性肝炎鸡胚化弱毒疫苗，成年种鸭开产前皮下注射 2 次，间隔 2 周，每次 1 毫升，开产后 3 个月再强化免疫 1 次。经注射过疫苗的种母鸭所产的蛋即含有抗体，所孵出的小雏鸭体内的母源抗体可维持 2～3 周，可保护雏鸭在最易感染的时期避免感染鸭病毒性肝炎。有时需要在 3～4 周龄时再接种 1 次疫苗。如果有的鸭场鸭群从未发生过鸭病毒性肝炎，种鸭没有接触过鸭肝炎病毒，或者种母鸭未曾接种过肝炎疫苗，则后代小雏鸭对鸭肝炎病毒易感性高。这时可试用鸭肝炎弱毒疫苗（DHV‐81）或进口疫苗（F61）免疫 1 日龄雏鸭。若种母鸭曾接种过鸭病毒性肝炎疫苗，则后代雏鸭可于 10 日龄左右接种疫苗，使小鸭获得主动免疫，这样可保护鸭至上市出售。

2. 抗体疗法　一旦小鸭发生本病，则应迅速采用抗体疗法，即在发病早期用康复鸭血清或高免蛋黄液进行治疗，每只雏鸭皮下或肌内注射 1 毫升。一般注射 1 次，鸭群即见好转，必要时次日再重复注射 1 次，鸭群即可痊愈。

（1）康复鸭血清制备法　患过鸭病毒性肝炎康复后的商品鸭群，于屠宰时用清洁容器收集血液，静置待血液凝固后，逐渐析出血清，再将血清分装于灭菌的生理盐水瓶内，按每毫升血清加入青霉素粉剂 1 000 单位和链霉素 1 000 单位，冷藏备用。

（2）高免蛋黄液的制备方法　用鸭病毒性肝炎疫苗免疫过 2～3 次的产蛋鸭或鸡近期产的蛋，去掉蛋清和蛋黄膜，按每个蛋黄加入 80 毫升灭菌生理盐水，搅拌成匀浆，按康复鸭血清制备法加入青霉素、链霉素即成。置于 4～10℃ 冰箱中冷藏待用。

三、番鸭细小病毒病

本病是近年来新发现的仅发生于雏番鸭的一种番鸭病毒性传染病，临床特征为腹泻、呼吸困难和软脚。

本病于 1989 年首次报道于法国，但 1985 年以来在我国福建省福州、莆田等地的番鸭中也不断发生，由于其发病特点很像小鹅瘟，故常与其混淆。雏番鸭患本病后死亡率较高，对番鸭养殖业危害甚大。

【病原】病原为细小病毒，属细小病毒科、细小病毒属、番鸭细小病毒。该病在细菌和环境因素作用下产生的一种综合征。病毒存在于病鸭的肝、脾、胰腺等处。病毒可在番鸭胚中增殖，并能致死 10～12 日龄的鸭胚。此外，尚能在鸭胚原代细胞中繁殖，而且病毒滴度很高。经血清中和试验检查证明，番鸭细小病毒和小鹅瘟之间有交叉反应。

电子显微镜下观察病毒为圆形或球形，直径 20～25 纳米，无囊膜，具有实心和空心两种病毒颗粒。病毒对氯仿、胰蛋白酶、酸、热均不敏感，对紫外线照射敏感。病毒不能凝集哺乳动物、禽类和人类的红细胞。

【流行病学】本病在自然条件下除番鸭外，其他幼禽与成禽未见发病。发病多在 2～4 周龄，故有"三周病"之称。病程为 2～5 天，死亡率可达 40％～50％。人工感染雏番鸭，可引起雏番鸭发病死亡，死亡率为 50％～80％。感染来自非小鹅瘟流行地区，未接种过小鹅瘟疫苗的健康雏鹅未见发病，表明该病毒仅对雏番鸭易感。成鸭可感染但不发病，成为带毒者，主要通过消化道感染。该病一年四季都可发生，发病无明显的季节性。

【症状】病初精神萎靡，食欲不振或废绝，渴欲增加，呆滞，腹泻，排黄白色或绿色稀粪，粪便中常带气泡，呼吸困难，气喘。临死前有神经症状，表现为角弓反张，两腿麻痹，康复鸭呈现极度消瘦，营养不良和无毛，这些症状颇似小鹅瘟。

【病变】死鸭表现为喙发绀，鼻、喉、气管有黏液，肝肿大，质变硬，少数病例有腹水。其特征性的病变在消化道，大小肠有卡他性炎症和出血点，一侧或两侧盲肠有香肠状栓塞物，呈灰白色或灰黄色，剖开可见中心为干燥的肠内容物，外面是坏死脱落的肠黏膜组织和纤维素性渗出物。有些病例可见胰脏坏死和出血。

【诊断】根据流行病学调查，本病具有较高的死亡率，仅发生于 2～4 周龄的雏番鸭，其他禽类不发病，其中包括小鹅。临床表现为腹泻、呼吸困难和软脚，再结合剖检变化即可作出初步诊断。为确诊，可取病死番鸭的肝脏、脾脏或胰腺，送兽医检验部门进行动物接种。

番鸭细小病毒病与小鹅瘟、雏鸭肝炎等疾病的鉴别诊断方法如下。

（1）与小鹅瘟的鉴别　番鸭小鹅瘟是由鹅细小病毒引起雏番鸭和雏鹅的一种高度接触性和高死亡率的急性传染病。由于这两种病的流行病学、临诊症状和病理变化相似，鉴别诊断除血清学方法外，还可用易感鹅和易感雏番鸭作感染实验。用5只5日龄左右的易感雏鹅或5只5日龄左右的易感雏番鸭分别注射被检病料，或被检鹅胚液毒、番鸭胚液毒。如雏鹅和雏番鸭均发病死亡，并具有小鹅瘟特征性病变，为鹅瘟病毒所致；如仅能引起雏番鸭发病死亡，而雏鹅健活，为番鸭细小病毒所致，可作为两种病的重要鉴别诊断方法。

（2）与雏鸭病毒性肝炎鉴别　雏鸭病毒性肝炎是由鸭肝炎病毒引起3周龄以内的雏鸭的一种急性传染病。患病雏鸭肝脏肿大，质脆，表面有出血性斑点特征性病变，可作为初步鉴别。鉴别诊断除了血清学试验外，还可采用易感雏番鸭和易感雏鸭作感染试验。

【防治】

1. 做好雏鸭的饲养管理工作　本病的流行与发病特点是仅发生于雏番鸭，因此要加强育雏期的饲养管理，如育雏温度适宜，注意通风换气，防止密度过大，刚出壳的雏番鸭必须避免与新进的种蛋接触，防止被感染。接雏后及时饮水。雏番鸭出炕后4周内必须隔离饲养，严禁与非免疫种鸭、青年鸭接触以及到其他鸭群放牧过的场地放牧。

2. 做好炕孵的卫生管理工作　本病主要是通过孵坊和饲养场地污染传播。因此，孵坊的清洁卫生工作是防治雏番鸭细小病毒病发生的一项重要措施。孵坊及用具、设备在每次炕孵使用后必须清洗消毒，可以减少或消灭外界环境中病原微生物。种蛋先清除蛋壳表面污物，再用 0.1％新洁尔灭液或用 50％百毒杀作 3 000倍稀释液洗涤，消毒、晾干，入孵当天用福尔马林熏蒸消毒。

3. 疫苗接种 疫苗的免疫接种分为种番鸭主动免疫和雏番鸭主动免疫。

种番鸭主动免疫：在有本病流行的地区，用疫苗免疫种番鸭是预防本病有效而又经济的方法。种番鸭在产蛋前 15 天左右用 1：100 稀释的鹅胚化或番鸭胚化种鸭弱毒苗 1 毫升进行皮下或肌内注射，在免疫 12 天后至 4 个月内，番鸭群所产种蛋孵化的雏番鸭能抵抗人工自然病毒的感染。种番鸭免疫 4 个月以后，雏番鸭的保护率下降，种番鸭必须再次进行免疫，或雏番鸭出炕后用雏番鸭弱毒苗进行免疫，以达到高度的保护率。

雏番鸭主动免疫：未经免疫的种番鸭群，或种番鸭群免疫 4 个月以上的所产蛋孵化的雏番鸭群，雏鸭出壳后 48 小时内应用 1：50～100 稀释的鹅胚化或番鸭胚化弱毒疫苗免疫，皮下接种雏番鸭细小病毒弱毒疫苗（稀释苗）0.2 毫升，免疫后 7 天内严格隔离饲养，防止强毒感染，保护率达 95％左右；已被污染的雏番鸭群作紧急预防，保护率达 50％左右；已被感染的雏番鸭进行免疫注射，无明显防治效果。

4. 治疗 各种抗生素和磺胺类药物对本病均无治疗及预防作用，治疗可用高免血清和高免卵黄抗体。

被动免疫：在本病流行区域，或已被本病毒污染的孵坊，雏番鸭出炕后立即皮下注射高免血清或卵黄抗体，可预防和控制本病的流行、发生。高免血清或卵黄抗体的效价必须在 1：8 以上。雏番鸭出炕后 24 小时内，每雏番鸭皮下注射 0.5，毫升，保护率可达 95％左右；对已感染发病的雏鸭群的同群番鸭，每雏皮下注射 0.8～1.0 毫升，保护率可达 80％左右；对已感染发病早期的雏番鸭，每雏皮下注射 1.0～1.5 毫升抗雏番鸭细小病毒高免血清或高免蛋黄液，必要时可重复注射 1 次，治愈率可达

50％左右。同源抗血清可具有预防和治疗作用，而异源抗血清不宜作预防，仅在发病雏番鸭中作紧急预防和治疗使用。

抗血清的制造可利用待宰商品番鸭或淘汰种番鸭群。对健康无病的商品番鸭群作基础免疫，种毒为鹅胚化或番鸭胚化种番鸭弱毒疫苗，作 1∶100 稀释，每只番鸭皮下或肌内注射 1 毫升；高度免疫，在基础免疫后 7～10 天或 21 天后用鹅胚化或番鸭胚化种番鸭弱毒疫苗，或鹅胚或番鸭胚毒株，每只番鸭皮下或肌内注射 0.5～1.0 毫升，10～15 天内扑杀分离血清，加入适量青霉素和链霉素，经无菌检验、安全检验、效价检验合格者冻结保存至少 2 年有效。如应用已免疫过的淘汰种番鸭群，在离淘汰前15 天内再进行一次高度免疫即可，剂量与前者相同。

高免血清和卵黄抗体也可制成二联抗体（即番鸭细小病毒和鹅细小病毒二联抗体，或番鸭细小病毒和雏鸭肝炎病毒二联抗体）和三联抗体（即番鸭细小病毒、鹅细小病毒和雏鸭肝炎病毒三联抗体）。

四、鸭流感

鸭流感是由 A 型流感病毒引起的鸭的一种从亚临诊型到呼吸道感染，产蛋量下降，严重时出现急性全身性败血征等多种症状，单纯的鸭流感的死亡率很低，继发细菌感染是致死的重要原因。由于鸭常是带毒者，有可能成为人类流感病毒的"贮藏库"，所以，防治鸭流感具有公共卫生学的意义。

【病原】鸭流感的病原体是正黏病毒科的 A 型流感病毒，属RNA 病毒，呈短杆状或球状，直径 80～120 纳米。对多种动物的红细胞有凝集作用，适于在鸭胚中培养生长，还可以在肠道和泄殖腔黏膜上皮细胞内大量增殖，并从粪便中排出，污染环境。

鸭流感病毒毒株的致病力差异很大，从无致病力、低致病力到高致病力，即使是抗原性相同的毒株，在不同的病例和不同的鸭类中的毒力也不一样。有许多自然感染引起发病和死亡的毒株，在人工复制接种时却不能发病。例如，捷克分离到的一强毒株，可引起 40％的病鸭死亡；我国台湾省分离的一强毒株，可使 4 周龄的鸭群 75％死亡。

病毒的抵抗力不强。许多普通消毒药液能迅速杀灭它，如甲醛、过氧乙酸、煤酚皂等。紫外线也能较快地灭活病毒。在65～70℃时数分钟即可灭活病毒。在干燥、低温环境中却能存活数月以上，例如，在冷冻的禽肉中可存活 10 个月。

【流行病学】本病在养鸭业发达的国家都曾有过报道，在少数国家引起过很高的发病率和死亡率，但在大多数国家，只引起较轻的呼吸道症状或无症状，仅是带毒鸭。最近有关资料表明，鸭并非仅为流感病毒带毒者而不发病，有一种 H5 亚型流感毒株对各种日龄和各种品种的鸭均具有高度的致病性，番鸭发病率可达 100％，死亡率也高达 90％，成年鸭主要引起严重减蛋，其他年龄的鸭死亡率为 10％～60％。纯种番鸭的死亡率高于其他鸭。一年四季都可发生，但以冬、春季为主要流行季节。本病的传播一般认为要通过密切接触，也可经蛋传染，患禽的羽毛、肉尸、排泄物、分泌物以及污染的水源、饲料、用具均成为重要的传染来源。本病的人工感染可以通过鼻内、窦内、静脉、腹腔、皮下、皮内以及滴眼等多种途径，都能引起感染发病。

病鸭和带毒鸭是主要传染源，在它们排出的粪便中含毒量较高，很容易污染饲料、湖泊和水塘。一般经口感染，2～6 周龄的雏鸭易感，发病率和死亡率与病毒株的强弱有关，也与继发其他病有关。

【症状】潜伏期变化很大，短的几小时，长的可达数天。这取决于毒株的强弱、感染剂量、感染途径和有无合并症以及鸭的品种、年龄等。其中番鸭无论是雏番鸭、青年番鸭或成年番鸭，均有很高的发病率和死亡率，其次是家养的雏野鸭、雏蛋鸭和肉鸭，而产蛋鸭主要表现为大幅度减蛋。有些雏鸭感染后无明显症状，很快死亡，但多数病鸭会出现呼吸道症状。病初打喷嚏，鼻腔内有浆液性或黏液性分泌液，鼻孔经常堵塞，呼吸困难，常有摆头、张口喘气症状。一侧或两侧眶下窦肿胀。有些病鸭腿软无力，不能站立，伏卧地上。慢性病例，羽毛松乱，消瘦，生长发育缓慢。

产蛋鸭感染后数天内产蛋量迅速下降，有的鸭群产蛋率可由90％以上降到10％以下或停产。发病期常产仅为正常蛋的1/4～1/2重量的小型蛋、畸形蛋。虽然蛋黄小，但肉眼看不出蛋黄和蛋清的变化。

【病变】急性死亡的患鸭，全身皮肤充血、出血，喙和头部皮肤充血、出血，蹼充血、出血，皮下特别是腹部皮下充血和脂肪有散在性出血点。肝脏肿大，呈淡土黄色，有出血斑。脾脏肿大、出血，表面有灰白色坏死点。心冠脂肪有点状出血，心肌有灰白色条状或块状坏死灶。胰腺有出血点或出血斑。部分病例腺胃和肌胃交界处出血。十二指肠黏膜充血、出血，在空肠、回肠黏膜有间断性2～5厘米环状带，环状带有的病例呈灰白色、有出血；有的呈紫色溃疡带，这种特殊的病变，从浆膜即可清楚看见。肾脏肿大，呈花斑状出血。脑膜充血，胸膜严重充血，并有淡黄色纤维素物附着。胆囊肿大，充满胆汁。气管环出血。

患病产蛋鸭的主要病变在卵巢，卵泡比较大，卵泡膜严重充血、出血，有的卵泡萎缩，卵泡膜出血，呈紫葡萄状，蛋白分泌部有凝固的蛋清。有的病例卵泡破裂于腹腔内。

【诊断】当小鸭群中迅速出现鼻炎、窦炎等呼吸道炎性症状时，就应考虑到鸭流感。单从上述临床症状，很难与其他出现呼吸道症状的疾病相鉴别，因此，必须依靠实验室诊断进行确诊。

【防治】积极做好综合防治工作，注意防止病原传入鸭群。在兽医行政部门许可的前提下，可试行免疫防治。用含有相应血清亚型抗体的血清或卵黄抗体，进行预防或治疗注射。或用相应血清型的禽流感油乳剂灭活苗进行免疫接种，有良好的保护作用。

暴发本病时，应立即上报疫情，封锁疫点疫区，并将病鸭作无害化处理。本病尚无切实可行的药物治疗办法，从预防细菌性继发感染考虑，可选用甲砜霉素或氟甲砜霉素给病鸭内服，每千克体重一次服用 20～30 毫克，每天 2 次，连用 3～5 天。也可对病鸭肌内注射氟甲砜霉素注射液，每千克体重一次量注射 20 毫克，每 2 天 1 次，连用 2 次。

五、鸭传染性浆膜炎

鸭传染性浆膜炎又称鸭疫巴氏杆菌病或鸭疫里氏杆菌病，是鸭和多种禽类的一种急性或慢性传染病。临床表现为缩颈，眼与鼻孔有分泌物，绿色下痢，共济失调，抽搐。慢性病例为斜颈，病变特点为纤维素性心包炎、肝周炎、气囊炎、干酪样输卵管炎和脑膜炎。

本病发病率和死亡率均很高，成为危害养鸭业的一种重要传染病。我国于 1982 年首次报道本病，目前各养鸭地区均有发生，发病率和死亡率均较高。

【病原】本病的病原体为鸭疫里默氏杆菌（*Riernerella anatipestifer*）或称鸭疫里氏杆菌（原称鸭疫巴氏杆菌），革兰氏染色阴性，无芽孢、无鞭毛、不能运动的小杆菌。培养后涂片镜检，菌体多为小杆菌，有的呈椭圆形，有的为杆状，单个存在，少数成双排列或呈短链状，偶尔呈长丝状。经墨汁负染见有荚膜。经瑞氏染色，见有少数菌体两端浓染。

鸭疫里氏杆菌可在血液琼脂、巧克力琼脂、胰酶大豆琼脂、马丁肉汤琼脂等固体琼脂培养基，以及胰酶大豆肉汤、马丁肉汤、胰蛋白肉汤和胰蛋白葡萄糖硫胺素肉汤等液体培养基上生长，不能在普通琼脂和麦康凯培养基上生长。本菌为严格厌氧，在 5%～10% 的二氧化碳环境中生长旺盛，初次分离时，对二氧化碳依赖性更强，因此，通常在二氧化碳培养箱中或蜡烛缸内培养。在巧克力琼脂平板上培养后，菌落表面光滑，稍突起，圆形，呈奶油状。在鲜血琼脂平板上培养后，菌落不溶血，呈小露珠状，继代培养后，菌落变大。在马血清琼脂平板上继代培养后，菌落为半透明状。在含血清的肉汤培养基中 37℃ 培养 48 小时，培养基呈轻度混浊，管底有少量灰白色沉淀物。

本菌经静脉、肌内、腹腔、皮下、气管、眼内、鼻内、关节腔等途径接种雏鸭、雏鹅、雏鸡、豚鼠均能致死，但不能致死家兔和小鼠。本菌对抗菌药物的敏感性，在不同的地区和在同疫区的不同时间均不相同。

【流行病学】在自然情况下，2～3 周龄鸭最易感。1 周龄内和 8 周龄以上鸭不易感染发病。在污染鸭群中，感染率可高达 90％以上，死亡率高低不等，低的 5％，高的可达 80％。本病常由日龄较小的鸭群逐渐扩散到日龄较大的鸭群，某个鸭场一旦发病，其周围的鸭场或鸭群也会相继流行，而且很难从发生过本病的鸭场根除，如果不改善饲养和环境条件，就会引起不同批次的达到易感日龄的小鸭发病。

鸭疫里氏杆菌对不同禽类的致病性不同，有报道鸭、鹅发生本病时，鹅的死亡率高于鸭，新疫区的发病率和死亡率明显高于老疫区，日龄较小的鸭群发病率和死亡率明显高于日龄较大的鸭群，1 日龄雏鸭的感染死亡率可达 90％以上。

本病无明显季节性，一年四季均可发生，春、冬季节较多发。本病主要经消化道、呼吸道或皮肤伤口感染。育雏舍鸭群密度过大，空气不流通，地面潮湿，卫生条件不好，饲养管理粗放，饲料中蛋白质水平过低，维生素和微量元素缺乏等，都是本病发生和流行的诱因。已被细菌污染的空气是重要的传播途径。关于经种蛋传播问题尚属可疑。

本菌可引起多种禽类发生败血性疾病，在自然条件下，最易感的是鸭，不同品种的雏鸭（包括家养的野鸭）均有自然感染发病的报道。雏鹅也可感染发病，其他如鸡、火鸡和野鸡虽有感染，但很少发病。

本病的发生、流行以及造成危害的严重程度与应激因素关系密切。据报道，感染而未受应激的鸭通常不表现临床症状或症状轻微，卫生及饲养管理条件较好的鸭场常表现为散发且多为慢性，气候寒冷、阴雨、饲养密度过高、鸭舍通风不良、垫料潮湿且未及时更换、场地潮湿、肮脏，从育雏室转到育成室饲养，从温度较高的鸭舍转到温度较低的鸭舍，从舍内转移到舍外饲养或池塘内放养，缺乏维生素及微量元素，运输应激，先前发生的其他微生物的感染或并发感染等因素，均能诱导和加剧本病的发生和流行。

【症状】本病潜伏期一般 1～3 天，有时可长达 7 天。最急性病例常无任何明显症状而突然死亡。急性病例的主要临床症状是嗜眠，缩颈，喙抵地面，两肢软弱，不愿走动，行动迟缓，共济失调，食欲减退或不思饮食。眼有浆液性或黏液性分泌物。粪便稀薄，呈绿色或黄绿色，部分雏鸭腹部膨胀。濒死期出现神经失调的症状，如摇头、点头或背脖，两肢伸直呈角弓反张状态。进而出现全身痉挛性抽搐，很快死亡。也有少数病例出现阵发性痉挛，在短时间内发作 2～3 次后死亡，病程一般为 1～3 天。而 4～7 周龄的雏鸭，病程可达 7 天以上，呈亚急性或慢性经过。主要临床表现为沉郁困乏，食欲减少，肢软伏卧，不愿走动，常呈犬坐姿势，进而出现运动失调，痉挛性点头或摇头摆尾，前仰后翻，呈仰卧姿态。有少数病例出现头颈歪斜，不断鸣叫，时而转圈，时而后退。但在安静时，症状稍有缓解，也可采食、饮水，很像健鸭。这样的慢性病例，常能存活，但发育不良，体态消瘦，失去经济价值。还有少数病例出现张口呼吸等呼吸困难的症状，常因发育不良、体态消瘦、衰竭而死亡。也有的病例出现跗关节肿胀，跛行，伏卧不起。

【病变】主要病变是浆膜面上有纤维素性炎性渗出物，以心包膜、肝被膜和气囊壁的炎症为主。病程较长的病例，炎性渗出物机化呈干酪样，形成典型的纤维素性心包炎、肝周炎或气囊炎。

1. 心脏 急性病例心包积液，心包膜有纤维素渗出物附着。慢性病例心包内有纤维素块填充，心包膜与心外膜粘连。病程较久者，纤维素性渗出物机化呈干酪样。

2. 肝脏 肝脏表面覆盖一层灰白色或灰黄色纤维素膜，容易剥脱。肝呈土黄色或红褐色。肝实质较脆，胆囊肿大，有时肝脏也稍肿大。病程较长的病例，肝表面渗出物机化，形成淡黄色的干酪样团块，不易剥脱。

3. 气囊 多数病例的气囊壁上附有纤维素性渗出物。病程较长的病例，渗出物可部分钙化。

4. 脾脏 脾脏肿大或肿胀不明显，表面附有纤维素性薄膜，有的病例脾脏明显肿大，呈红灰色斑驳状。

5. 腔上囊 体积很小，黏膜上皮变性脱落。

6. 其他脏器 肺间质水肿，纤维素性脑膜炎，输卵管炎，关节炎以及坏死性皮炎。

【诊断】根据临诊症状、剖检变化和发病流行情况，可作出初步诊断。确诊必须进行微生物学检查。

1. 涂片镜检 无菌操作，取血、肝、脾、脑的样品，制成涂片用瑞氏染色法染色，风干后镜检，可见到两极浓染的小杆菌，菌体往往较少，不易与鸭霍乱巴氏杆菌相区别。

2. 细菌培养 采取的病料，接种在胰蛋白胨大豆琼脂或巧克力琼脂平板培养基上，置于二氧化碳培养箱或蜡烛缸内（含 5%～10% 的二氧化碳），培养 24～48 小时后，观察菌落形态，继续进行纯培养，可根据其特性作出鉴别确诊。

3. 血清学试验 应用标准的分型抗血清，可进行玻板或试管凝集试验，以及琼脂扩散试验鉴定血清型。由于鸭疫里氏杆菌的血清型较多，且不同血清型之间缺乏抗原交叉反应，这给本病血清学检测的推广应用带来了困难。为防漏检，检测抗原时应用拥有各型标准抗血清，检测抗体时，又应用有各型标准菌株作为抗原。目前，主要的血清学检测方法有快速玻板凝集试验、试管凝集试验、琼脂扩散试验和间接血凝试验等。

4. 动物接种　将细菌分离培养物经肌内、静脉或腹腔等途径接种发生该病的鸭和其他易感动物如鹅、鸡等。用于接种的易感动物应来源于未发生过鸭疫里氏杆菌的饲养场，并且适龄、健康、未使用过各类鸭疫里氏杆菌疫苗。接种后观察是否出现本病特征性的临诊症状及病理变化，同时接种豚鼠、家兔和小鼠，本菌能致死豚鼠，但不能致死家兔和小鼠。

鸭传染性浆膜炎与大肠杆菌病及巴氏杆菌病的鉴别诊断方法如下。

（1）与大肠杆菌病的鉴别　由大肠杆菌所致的鸭大肠杆菌病，以肝脏肿大、出血和脑壳出血、脑组织充血，以及坏死灶为特征性病变，不呈现心包炎、肝周炎和气囊炎；而心包炎、肝周炎和气囊炎是鸭疫里氏杆菌病的特征性病理特征，是重要的鉴别之一。将病料接种于鲜血琼脂培养基和麦康凯琼脂培养基，经37℃培养24～72小时，大肠杆菌能在两种培养基上生长，呈大肠杆菌菌落特征；而鸭疫里氏杆菌仅能在鲜血琼脂培养基上生长，呈特征性菌落，是鉴别之二。将病料涂片或触片染色镜检，大肠杆菌较大，大小不太一致；而鸭疫里氏杆菌呈卵圆形小杆菌，而且大小比较一致，是鉴别之三。必要时进行小鼠接种，大肠杆菌能致死小鼠；而鸭疫里氏杆菌不能致死小鼠，也是实验室鉴别诊断之四。

（2）与巴氏杆菌病的鉴别　巴氏杆菌能引起各种日龄的鸭、鹅发病，尤其是青年鸭、成年鸭发病率比幼年鸭、鹅高；而鸭疫里氏杆菌仅能引起 7 周龄之内的鸭、鹅发病，7 周龄以上的鸭、鹅很少发病，是流行病学上重要鉴别之一。肝脏呈灰白色坏死灶，心冠脂肪出血等是巴氏杆菌病特征性病变，无心包炎、肝周炎和气囊炎病变；而心包炎、肝周炎和气囊炎病变是鸭疫里氏杆菌病特征性病变，此为鉴别之二；小鼠接种，巴氏杆菌能致死小鼠，而鸭疫里氏杆菌不能致死小鼠，是鉴别之三。

【防治】

1. 加强饲养管理　首先要改善育雏的卫生条件，特别注意通风干燥、防寒以及合理的饲养密度，勤换垫料，施行"全进全出"的饲养管理制度。该病的发生和流行与应激因素有密切关系，在将雏鸭转舍、舍内迁至舍外以及下塘饲养时，应特别注意气候和温度的变化，减少运输和驱赶等应激因素对鸭群的影响。对于发生鸭疫里氏杆菌病的鸭场，待该批鸭群出栏上市后，对鸭舍、场地、各种用具进行彻底、严格的清洗和消毒；老疫区的鸭场，在饲养管理过程中更应特别注意，防止气候突变或其他较强烈的应激因素存在。

2. 药物防治　常以强力霉素作为首选药物，药量按 0.04% 混饲，连续喂 3～4 天，可起到良好的防治效果。另外，四环素、土霉素、多黏菌素 B、林可霉素、恩诺沙星都有较好的疗效。应用抗生素类药物，预先应做药敏试验，宜选用抗菌效果较好的药物。

3. 接种疫苗　疫苗的预防接种是预防鸭疫里氏杆菌病较为有效的措施，但由于本菌不同血清型菌株的免疫原性不同，疫苗诱导的免疫力具有血清型特异性，目前发现的血清型就有 21 种之多，并且本病可出现多种血清型混合感染以及血清型变异。因此，在应用疫苗时，要经常分离鉴定本场流行菌株的血清型，选用同型菌株的疫苗，或多价抗原组成的多价灭活苗，以确保免疫效果。目前，疫苗有油乳剂灭活苗、铝胶灭活苗以及弱毒活菌苗。本菌除血清型外，培养条件要求较高，免疫性较差。因此，建议在雏鸭 10 日龄首次免疫，在首免后 2～3 周进行第二次免疫。笔者建议首免用水剂灭活苗，二免用水剂灭活苗或油乳剂灭活苗免疫。

英国曾选用 A 型菌株制成福尔马林灭活苗，用于 3 周龄雏鸭，1 次肌内注射免疫，获得良好的预防效果。美国曾选用 1、2

和 5 血清型菌株，制成福尔马林灭活苗或叫菌素苗，在雏鸭 14 日龄和 21 日龄时，各肌内注射 1 次，免疫期为 1 个月，可保证 7 周龄出售时不发病。1986 年，我国高福等选用 1 型菌株，制成福尔马林灭活苗，在实验室条件下，对雏鸭进行 2 次皮下注射免疫，保护率 90％以上。在野外自然条件下，对 1 周龄雏鸭进行 2 次皮下注射免疫，保护率为 86.7％。张大炳研制的特异型菌株铝胶苗及苏敬良研制的多价菌株与大肠杆菌油佐剂联苗，均有较好的免疫效果。油佐剂苗 1 次皮下注射，可保护到上市（6～7 周龄），但在接种部位产生肉芽肿性病变。目前，国外已研究成功活菌苗，经气雾和口服免疫，已在美国和加拿大广泛应用，效果不错。

六、鸭感光过敏症

鸭感光过敏症是由于鸭采食光过敏物质的饲料，鸭体某部位对一定波长的阳光照射敏感所产生的一种过敏性疾病。临床上以无毛部位的上喙、脚蹼出现水泡和炎症为主要病理特征。本病的发病率不高，但病鸭常因上喙变形，采食不足，而影响生长发育。不同种类和日龄的水禽均可发生感光过敏。就水禽而言，临床上主要见于白羽肉鸭（樱桃谷鸭、北京鸭），尤其是 3～8 周龄的幼鸭较为多见，危害也最大。我国的北京、上海、江苏等省、直辖市均曾发生过本病。

1. 病因　鸭多因采食如灰灰菜、野胡萝卜、大阿米草、多年生黑麦草等含有光敏原性的植物引起致病，北京地区发病鸭群与采食含有大软骨草草籽的进口麦渣有关。有关资料表明，用大软骨草草籽饲喂奶牛、鹅、鸡、火鸡等均可引起感光过敏反应。

2. 临床症状　病初体温正常，后期体温偏高。主要表现为精神、食欲不振，眼角有黏性或脓性分泌物，上喙失去原来的光泽和颜色，局部发红，形成红斑，1～2 天内发展成黄豆至蚕豆大的水泡，水泡液呈半透明淡黄色并混有纤维素样物，脚蹼同时也出现水泡，水泡破裂后结痂，几天后，上喙也形成棕黄色结痂。大约经过 10 天左右，喙和脚蹼上的结痂脱落变成棕黄色或暗红色，鸭上喙缩短变形，严重者向上扭转，舌尖部外露，发生坏死，并影响采食。

3. 病理变化　主要见于上喙和脚蹼上的弥漫性炎症，结痂坏死以及变色或变形。有时可见舌尖部坏死，肝脏有散在的大小不等的坏死点，十二指肠呈卡他性炎症。

4. 防治措施　鸭群发病后，应立即停止放牧，避光饲养，或停喂含光敏原性植物的饲料。病鸭对症治疗，患部用龙胆紫或碘甘油涂擦，同时合理调配饲料营养物质，加强饲养管理，提高鸭体的抗病力。

第九章　水禽场经营管理

水禽场经营管理是水禽生产的重要组成部分，无论大型养殖场还是小型养殖场都应重视并研究自己的经营管理。实践证明，一个水禽场如果只有生产设备和生产技术的现代化，而没有经营管理的科学化是很难获得较高经济效益的。所以，在学习和掌握了家禽生产基本技术的同时，必须学习和掌握水禽场的经营管理方法。

第一节　水禽生产的成本分析

生产成本分析就是把水禽场为生产产品所发生的各项费用，按用途、产品进行汇总和分配，计算出产品的实际总成本和单位产品成本的过程。生产成本分析是成本管理的重要组成部分，通过成本分析可以确定水禽场在本期的实际成本水平，准确反映水禽场生产经营的经济效益，以便为进一步加强管理、降低成本、增加收益提供可靠的依据。

一、生产成本的构成

生产成本一般分为固定成本和可变成本两大类。

固定成本与水禽场的房屋、禽舍、饲养设备、运输工具、动力机械、生活设施、研究设备有关，在会计账面上称为固定资产投资。其特点是使用期长，以完整的实物形态参加多次生产过程，并可以保持其固有的物质形态。随着水禽生产的不断进行，其价值逐渐转入到禽产品中，并以折旧费用方式支付。固定成本除上述设备折旧费用外，还包括土地税、基建贷款利息、工资、管理费用等。固定成本费用必须按时支付，也就是说，只要企业存在，固定成本费用就会发生。

可变成本以货币表示，在成本管理中称为流动资金，是指水禽场在生产和流通过程中使用的资金，其特点是仅参加一次生产过程即被全部消耗，价值全部转移到禽产品中。可变成本的物质资料，一般包括以下几方面的内容，如饲料、兽药、疫苗、燃料、能源、临时工人工资等。可变成本因生产规模、产品产量的变化而变化。

二、支出项目的内容

根据水禽业生产的特点，水禽产品成本支出项目的内容，按照生产费用的经济性质，可分为直接生产费用和间接生产费用两大类。

（一）直接生产费用

即直接为生产水禽产品所支付的开支。具体项目如下：

（1）工资和福利费　指直接从事水禽生产人员的工资、津贴、奖金、福利等。

（2）疫病防治费　指用于水禽病防治的疫苗、药品、消毒剂和检疫费、专家咨询费等。

（3）饲料费　指水禽场在生产过程中实际耗用的自产和外购的各种饲料原料、预混料、饲料添加剂和全价配合饲料等的费用及其运输贮存等各项杂费。

（4）种禽摊销费　指生产每千克蛋或每千克活重所分摊的种禽费用。

种禽摊销费＝（种禽原值－种禽残值）/每只水禽产蛋重（元/千克）

（5）固定资产修理费　是为保持禽舍和专用设备的完好所发

生的一切维修费用，一般占年折旧的 5%～10%。

（6）固定资产折旧费　指禽舍和专用机械设备的折旧费。房屋等建筑物一般按 10～15 年折旧，水禽场专用设备一般按 5～8 年折旧。

（7）燃料及动力费　指直接用于水禽生产的燃料、动力、水电费和水资源费等。

（8）低值易耗品费用　指低价值的工具、材料、劳保用品等易耗品的费用。

（9）其他直接费用　凡不能列入上述各项而实际已经消耗的直接费用。

（二）间接生产费用

即间接为水禽产品生产或提供劳务而发生的各种费用。包括管理人员工资、福利费，生产经营中的折旧费、修理费、低值易耗品摊销，经营中的水电费、办公费、差旅费、运输费、劳动保险费、检验费，季节性、修理期间的停工损失等。这些费用不能直接计入到某种水禽产品中，而需要采取一定的标准和方法，在水禽场内各产品之间进行分摊。

除了直接费用和间接费用外，水禽产品的成本费用还包括期间费用。所谓期间费用是指水禽场为组织生产经营活动发生的、不能直接归属于某种水禽产品的费用。包括管理费、财务费和销售费。管理费、销售费是指水禽场为组织生产经营、销售活动所发生的各种费用。包括非直接生产人员的工资、办公费、差旅费、各种税金、产品运输费、产品包装费、广告费等。财务费主要是贷款利息、银行及其他金融机构的手续费等。按照我国会计制度规定，期间费用不能计入生产成本，但是水禽场为了进行各群水禽的成本核算，便于横向比较，通常会把各种费用全部列入来计算单位产品的成本。

以上各项目的费用，构成了水禽场的生产成本。计算水禽场的生产成本就是要按照成本支出项目来进行。水禽产品成本支出项目可以反映水禽场产品成本的结构，通过分析考核可以找出降低成本的途径。

由此可见，要提高水禽企业的经济效益，除了市场价格这一因素不能由企业决定外，成本控制则可以完全由企业控制。从规模化集约化水禽的生产实践看，应极力降低固定资产折旧费，尽可能提高饲料费用在总成本中所占比重，提高每只水禽的产蛋量、活重并降低死亡率，另外通过料蛋价格比、料肉价格比来控制总成本。

第二节 水禽场的经济核算方法

一、生产成本的计算方法

生产成本的计算是以一定的产品对象，归集、分配和计算各种物料的消耗及各种费用的过程。水禽场生产成本的计算对象一般为种蛋、种雏、肉用水禽和商品蛋等。

（一）种蛋生产成本的计算

每枚种蛋成本＝（种蛋生产费用－副产品价值）/入舍种禽出售种蛋数目

种蛋生产费为每只入舍种禽自入舍至淘汰期间的所有费用之和，其中入舍种禽自身价值以种禽育成费体现。副产品价值包括期内淘汰禽、期末淘汰禽、禽粪便等的收入。

（二）种雏生产成本的计算

种雏只成本＝（种蛋费＋孵化生产费－副产品价值）/出售种雏数

孵化生产费包括种蛋采购费、孵化生产过程的全部费用和各种摊销费、雌雄鉴别费、疫苗注射费、雏禽运输费、销售费等。副产品价值主要是未受精蛋、毛蛋和公雏等的收入。

（三）雏禽、育成禽生产成本的计算

雏禽、育成禽的生产成本按平均每只每日饲养雏禽、育成禽

费用计算。

雏禽（育成禽）饲养只日成本＝（期内全部饲养费－副产品价值）/期内饲养只日数

期内饲养只日数＝期初只数×本期饲养日数＋期内转入只数×自转入至期末日数－死淘禽只数×死淘日至期末日数

期内全部饲养费用是上述所列生产成本核算内容中各项费用之和，副产品价值是指禽粪、淘汰禽等项收入。雏禽（育成禽）饲养只日成本直接反映饲养管理水平的高低。饲养管理水平越高，饲养只日成本就越低。

（四）肉用水禽生产成本的计算

每千克肉禽成本＝（肉禽生产费用－副产品价值）/出栏肉禽总重（千克）

每只肉禽成本＝（肉禽生产费用－副产品价值）/出栏肉禽只数

肉用水禽生产费用包括入舍禽苗费与整个饲养期其他各项费用之和，副产品价值主要是禽粪便收入。

（五）商品蛋生产成本的计算

每千克禽蛋成本＝（蛋禽生产费用－副产品价值）/入舍母禽总产蛋量（千克）

蛋禽生产费用是指每只入舍母禽自入舍至淘汰期间的所有费用之和。

二、总成本中各项费用的大致构成

（一）育成禽的成本构成

达20周龄育成禽总成本的构成见表9-1（供参考）。按照表中所列各项比例，根据其中的一项开支就可以推算出成本总额。例如，若知道饲料费开支多少，那么只要将饲料费除以65％即可推算出该禽养至20周龄时的总成本。

表9-1 育成禽（20周龄）总成本构成

项目	每项费用占总成本的比例（%）
雏禽费	18.0
饲料费	65.0
工资福利费	7.0
疫病防治费	2.0
燃料水电费	2.0
固定资产折旧费	3.0
维修费	0.5
低值易耗品费	0.3
其他直接费用	0.7
期间费用	1.5
合计	100

（二）禽蛋的成本构成

禽蛋的成本构成见表9-2（供参考）。

表9-2 禽蛋总成本构成

项目	每项费用占总成本的比例（%）
后备禽摊销费	16.8
饲料费	70.1
工资福利费	2.1
疫病防治费	1.2
燃料水电费	1.3
固定资产折旧费	2.8
维修费	0.5
低值易耗品费	0.3
其他直接费用	1.2
期间费用	3.7
合计	100

三、水禽场盈亏平衡点分析

盈亏平衡点分析是一种动态分析，又是一种确定性分析，适合于分析短期问题。生产成本盈亏临界点又叫保本点，它是根据收入和支出相等为保本生产的原理而确定的，这一临界点就是水禽场盈利还是亏损的分界线。现举例说明如下：

（一）禽蛋生产成本临界点

禽蛋生产成本临界点＝（饲料价格×日耗料量）÷（饲料费占总费用的百分比×日产蛋量）

如某鸭场每只蛋鸭日均产蛋重为 50 克，饲料单价 1.3 元/千克，饲料消耗 150 克/（天·只），饲料费占总成本的比率为 70.1％。该鸭场每千克鸭蛋的生产成本临界点为：

鸭蛋生产成本临界点＝（1.3×150）÷（0.701×50）＝5.56

即表明每千克鸭蛋平均价格达到 5.56 元，鸭场可以保本，不亏不盈，市场销售价格高于 5.56 元/千克时，该鸭场才能盈利。根据上述公式，如果知道市场蛋价，也可以计算鸭场最低日均产蛋重的临界点。鸭场日均产蛋重高于此点即可盈利，低于此点就会亏损。

同理亦可判断肉用水禽日增重的保本点。

（二）临界产蛋率分析

临界产蛋率＝（每千克蛋的个数×饲料单价×日耗饲料量）÷（饲料费占总费用的百分比×每千克禽蛋价格）×100％

如果水禽群体产蛋率高于此线即可盈利，低于此线就要亏损，可考虑淘汰处理。

四、水禽场经济效益分析的方法

经济效益分析是对生产经营活动中已取得的经济效益进行事后的评价，一是分析在计划完成过程中，是否以较少的资金占用和生产耗费取得较多的生产成果；二是分析各项技术组织措施和管理方案的实际成果，以便发现问题，查明原因，提出切实可行的改进措施和实施方案。经济效益分析法一般有对比分析法、因素分析法、结构分析法等，水禽场常用的方法是对比分析法。

对比分析法又叫比较分析法，它是把同种性质的两种或两种以上的经济指标进行对比，找出差距，并分析产生差距的原因，进而研究改进的措施。比较时可利用以下方法：

（1）可以采用绝对数、相对数或平均数，将实际指标与计划指标相比较，以检查计划执行的情况，评价计划的优劣，分析其原因，为制订下期计划提供依据。

（2）可以将实际指标与上期指标相比较，找出发展变化的规律，指导以后的工作。

（3）可以将实际指标与条件相同的经济效益最好的水禽场相比较，来反映在同等条件下所形成的各种不同经济效果及其原因，找出差距，总结经验教训，以不断改进和提高自身的经营管理水平。

采用比较分析法时，必须注意比较指标的可比性，不能把根本没有可比性的各类指标放到一起进行比较，即比较时各类经济指标在计算方法、计算标准、计算时间上保持一致。若各类经济指标不能保证完全一致，在相差不大的情况下，可进行参考性比较。

五、水禽场经济效益分析的内容

生产经营活动的每个环节都影响着水禽场的经济效益，其中产品的产量、水禽群体的工作质量、成本、利润、饲料消耗和职工劳动生产率的影响尤为重要。下面就以上因素进行鸭场经济效益的分析。

（一）产品产量或产值分析

1. 计划完成情况分析 用产品的实际产量或产值的计划完成情况，对鸭场的生产经营总状况作概括评价及原因分析。

2. 产品产量或产值增长动态分析　通过对比历年历期产量或产值的增长动态，查明是否充分发挥了自身优势，是否合理利用了资源，进而找出增产增收的途径。

（二）水禽群体工作质量分析

水禽群体工作质量是评价鸭场生产技术、饲养管理水平、职工劳动质量的重要依据。水禽群体工作质量分析主要依据鸭的生活力、产蛋力、繁殖力和饲料报酬等指标的计算比较来进行。

（三）成本分析

产品成本直接影响着鸭场的经济效益。进行成本分析，可弄清各个成本项目的增减及其变化情况，找出引起变化的原因，寻求降低成本的具体途径。

分析时应对成本数据加以检查核实，严格划清各种成本费用界限，统一计算口径，以确保成本资料的准确性和可比性。

1. 成本项目增减及变化分析　根据实际生产报表资料，与本年计划指标或先进的鸭场比较，检查总成本、单位产品成本的升降，分析构成成本的项目增减情况和各项目的变化情况，找出差距，查明原因。如成本项目增加了，要分析该项目为什么会增加，增加是否带有其必然性；某项目成本数量变大了，要分析费用支出增加的原因，是管理的因素，还是市场因素等。

2. 成本结构分析　分析各生产成本构成项目占总成本的比例，并找出各阶段的成本结构。成本构成中饲料是一大项支出，而该项支出最直接地用于生产产品，它占生产成本比例的高低直接影响着鸭场的经济效益。对相同条件的鸭场，饲料支出占生产总成本的比例越高，鸭场的经济效益就越好。不同条件的鸭场，其饲料支出占生产总成本的比例对经济效益的影响不具有可比性。如家庭养鸭，各项投资少，其主要开支就是饲料；而对于种鸭场来说，由于引种费用高，设备、人工、技术投入比例大，饲料费用所占的比例就会明显降低。

（四）利润分析

利润是经济效益的直接体现，任何一个企业只有获得利润，才能生存和发展。鸭场利润分析包括以下指标。

1. 利润总额

利润总额＝销售收入－生产成本－销售费用－税金±营业外收支净额

营业外收支是指与鸭场生产经营无直接关系的收入或支出。如果营业外收入大于营业外支出，则收支相抵后的净额为正数，可以增加鸭场利润；如果营业外收入小于营业外支出，则收支相抵后的净额为负数，鸭场的利润就会减少。

2. 利润率 由于各个鸭场生产规模、经营方向不同，利润额在不同鸭场之间不具有可比性，只有反映利润水平的利润率，才具有可比性。利润率一般表示为：

产值利润率＝年利润总额/年总产值×100％

成本利润率＝年利润总额/年总成本额×100％

资金利润率＝年利润总额/（年流动资金额＋年固定资金平均总值）×100％

鸭场盈利的最终指标应以资金利润率作为主要指标，因为资金利润率不仅能反映鸭场的投资状况，而且能反映资金的周转情况，资金在周转中才能获得利润，资金周转越快，周转次数越多，鸭场的获利就越大。

（五）饲料消耗分析

从鸭场经济效益的角度上分析饲料消耗，应从饲料消耗定额、饲料利用率和饲料日粮3个方面进行。先根据生产报表统计各类鸭群在一定时期内的实际耗料量，然后同各自的消耗定额对比，分析饲料在加工、运输、贮藏、保管、饲喂等环节上是否造成了浪费并查明原因。此外，还要分析在不同饲养阶段饲料的转化率即饲料报酬。生产单位产品耗用的饲料越少，说明饲料报酬就越高，经济效益就越好。

对日粮除了从饲料的营养成分、饲料转化率上分析外，还应从经济角度分析，即从饲料报酬和饲料成本上分析，以寻找成本低、报酬高、增重快的日粮配方和饲喂方法，最终达到以同等的饲料消耗，取得最大经济效益的目的。

（六）劳动生产率分析

劳动生产率反映着劳动者的劳动成果与劳动消耗量之间的对比关系。常用以下形式表示：

1. 全员劳动生产率　全员劳动生产率表达鸭场每一个成员在一定时期内生产的平均产值。

全员劳动生产率＝年总产值/职工年平均人数

2. 生产人员劳动生产率　生产人员劳动生产率指每一个生产人员在一定时期内生产的平均产值。

生产人员劳动生产率＝年总产值/生产工人年平均人数

3. 每工作日（天）产量　每工作日（天）产量指用于直接生产的每个工作日（天）所生产的某种产品的平均产量。

每工作日（天）产量＝某种产品的产量/直接生产所用工日（天）数

以上指标表明，分析劳动生产率，一是要分析生产人员和非生产人员的比例，二是要分析生产单位产品的有效时间。

第三节　水禽场生产计划的制订及运行

一、生产计划的制订

生产计划是一个水禽场全年生产任务的具体安排。制订生产计划要尽量切合实际，其目的是更好地指导生产、检查进度、了解成效，并使生产计划完成和超额完成的可能性更大。

（一）生产计划制订的依据

任何一个水禽场都必须有详尽的生产计划，用以指导饲养各环节。养殖业的计划性、周期性、重复生产性较强，不断修订和完善生产计划，可以大大提高生产效益。下面几个因素常常作为制订生产计划的依据。

1. 生产工艺流程　制订生产计划，必须以生产流程为依据，生产流程因企业生产的产品不同而不同。综合性水禽场，从孵化开始，育雏、育成、商品禽以及种禽饲养，完全由本场负责完成。

各水禽群体的生产流程顺序如下，蛋用水禽场为：种禽（舍）→种蛋（室）→孵化（室）→育雏（舍）→育成（舍）→产蛋禽（舍）。肉用水禽场的产品为肉鸭或肉鹅，多为全进全出生产模式。

为了完成生产任务，一个综合性水禽场除了涉及水禽群体的饲养环节外，还有饲料的贮存、运输、供电、供水、供暖、疫病防治、病死禽的处理、粪便和污水的处理、成品贮存与运输、行政管理、职工必备生活条件提供等环节。一个水禽场总体流程为：料（库）→水禽群（舍）→产品（库）；另外一条流程为饲料（库）→水禽群（舍）→粪污（场）。

在蛋用水禽场和肉用水禽场，具体的生产周期日数是有差别的。如饲养地方水禽品种，其各阶段周转的日数差异与新培育的现代水禽品种差异较大。一般来讲，地方水禽品种生产周期较长，而新培育的水禽品种生产周期要短一些。

2. 经济技术指标　各项经济技术指标是制订计划的重要依据，制订计划时可参照不同水禽饲养管理手册上提供的指标，并结合本场近年来实际达到的水平，特别是近一两年来正常情况下场内达到的水平，以这些为依据和基础实事求是地制订生产计划。

3. 生产条件　将当前生产条件与过去的条件对比，主要在房舍设备、水禽品种、饲料和人员等方面比较，看是否有改进或倒退，根据生产经验，酌情确定新计划增减的幅度。

4. 创新能力　采用新技术、新工艺或通过开源节流、挖掘潜力等可能使生产情况增加的数量，这也是生产计划制订的依据。

5. 经济效益指标　效益指标常低于计划指标，这样可以保证承包人有产可超，也可以两者相同，提高超产部分的提成，或适当降低计划指标。

（二）水禽群体周转计划

下面以鸭场生产计划的制订来阐明这个问题。

目前，我国鸭的生产经营多数比较分散，商品性生产和自给性生产并存，这对产品市场的影响很大。因此，发展养鸭生产时，要尽可能与当地有关部门或销售商签订购销合同，根据合同及自己的资源、经营管理能力等情况，合理地组织人力、物力和财力，制订出养鸭的生产计划，进行计划管理，减少盲目性。

（1）成鸭的周转计划　有的鸭场引进种蛋，也有的引进种雏，现以引进种鸭为例，年产 4 万只樱桃谷肉鸭，制订生产计划。

生产肉鸭，首先要饲养种鸭。年产 4 万只肉鸭，需要多少只种鸭呢？计算种鸭数量时，要考虑公、母鸭的比例，1 只母鸭 1 年产多少个种蛋，种蛋合格率，受精率和孵化率是多少，雏鸭成活率是多少等。樱桃谷鸭在公、母比例为 1：5 的情况下，种蛋合格率和受精率均为 90％以上，受精蛋孵化率为 80％～90％。每只母鸭年产蛋数量在 200 个以上，雏鸭成活率平均为 90％。

为留余地，以上数据均取下限值，生产 4 万只雏鸭，以育成率为 90％计算。

最少要孵出的雏鸭数：$40\ 000 \div 90\% = 44\ 444$（只）

需要受精种蛋数：$44\ 444 \div 80\% = 55\ 555$（个）

全年需要种鸭生产合格种蛋数：$55\ 555 \div 90\% = 61\ 728$（个）

全年需要种鸭产蛋量：$61\ 728 \div 90\% = 68\ 587$（个）

全年需要饲养的种母鸭只数：$68\ 587 \div 200 = 343$（只）

考虑到雏鸭、肉鸭和种鸭在饲养过程中的病残、死亡数，应留一些余地，可饲养母鸭 380 只。由于公、母鸭配种比例为 1：5，还需要养种公鸭 80 只，共应饲养种鸭 460 只。

由于种母鸭在一年中各个月份产蛋率不同，所以，在分批孵化、分批育雏、分批育肥时，各批的总数就不相同。养鸭场在安排人力和场舍设施时，要与批次数量相适应。同时，在孵化、育雏、育肥等方面，要有具体安排。

孵化方面：当母鸭群进入产蛋旺季，产蛋率达 70% 以上时，380 只母鸭每天可产 270 个种蛋，每 7 天入孵一批。每批入孵数为 1 900 个种蛋，孵化期为 28 天，留 2 天机动，以 30 天计算，则在产蛋旺季，每月可入孵近 5 批，孵化种蛋数量最多时可达 9 000 枚。养鸭场孵化设备的能力应完成孵化 9 000 枚种蛋的任务。以后孵出一批，又入孵一批，流水作业。

育雏方面：樱桃谷鸭种蛋受精率 90%，孵化率为 80%～90%，9 000 枚种蛋最多可孵出 7 290 只雏鸭，平均一批约 1 458 只，育雏期 20 天，所以，养鸭场的育雏场舍、用具和饲料应能承担同时培育 3 批雏鸭，约 4 500 只雏鸭的任务。育肥鸭舍、用具和饲料也要与之相适应。

育肥方面：以成活率均为 90% 计算，每批孵出的雏鸭约 1 458只，可得成鸭 1 312 只（1 458×90%＝1 312）。鸭的育肥期为 25 天，则养鸭场的场舍、用具和育肥饲料应能完成同时饲养 4 批，约 5 248 只肉鸭的育肥任务。

通过以上计算，养鸭场要年产商品肉鸭 4 万只，每月孵化数最高时需要种蛋 9 000 枚，饲养数量最高时，包括种鸭、雏鸭、育肥鸭在内，共计 10 208 只。其中经常饲养种鸭 460 只，最多饲养雏鸭 4 500 只，育肥鸭约 5 248 只。此外，还要考虑种鸭的更新，饲养一些后备种鸭。

根据以上数据制订雏鸭、育肥鸭的日粮定额，安排全年和月份饲料计划。

（2）蛋用鸭生产计划 现拟引进种蛋，年饲养 3 000 只蛋鸭，制订生产计划的方法如下。

要获得 3 000 只产蛋鸭，需要购进多少种蛋？一般种蛋数与孵出的母雏鸭数比例约为 3∶1，即在正常情况下，9 000 枚种蛋才能获得 3 000 只产蛋鸭。现从种蛋孵化、育雏、育成 3 个方面进行计算。

孵化方面：现购进蛋用鸭种蛋 9 000 枚，进行孵化，能获得的雏鸭数。

①破壳蛋数：种蛋在运输过程中，总会有一定数量的破损，破损率通常按 1％计算。

破损蛋数＝9 000×1％＝90（个）

②受精蛋数：种蛋受精率为 90％以上。

受精蛋数＝8 910×90％＝8 019（个）

③孵化雏鸭数：受精蛋孵化率为 75％～85％，为留有余地取孵化率为 80％。

孵出雏鸭数＝8 019×80％＝6 415（只）

育雏期：育雏期通常为 20 天。

①育成的雏鸭数：雏鸭经过 20 天培育，到育雏期末的成活率为 95％。

育成的雏鸭数＝6 415×95％＝6 094（只）

②母雏数：公、母雏的比例通常按 1∶1 计算。

母雏数 6 094÷2＝3 047（只）

育成期：对 3 047 只选留下 3 000 只母雏进行饲养，其余的淘汰。

产蛋期：如果在春季 3 月初进行种蛋孵化，由于蛋鸭性成熟早，一般 16～17 周龄陆续开产，在饲养管理正常的情况下，20～22 周龄产蛋率可达 50％，即在当年 7 月下旬，每天可收获 1 500 枚鸭蛋。母鸭可利用 1～2 年，以第 1 个产蛋年产蛋量最高。

二、产品生产计划的制订

不同经营方向的水禽场其产品也不一样。如肉鸭场的主产品是肉鸭，联产品是淘汰鸭，副产品是鸭粪；蛋鸭场的主产品是鸭蛋，联产品与副产品与肉鸭场相同。

产品生产计划应以主产品为主。如肉鸭以进雏鸭数的育成率和出栏时的体重进行估算；蛋鸭则按每饲养日即每只鸭日产蛋克数估算出每日每月产蛋总重量，按产蛋重量制订出鸭蛋产量计划。

①根据种鸭的生产性能和鸭场的生产实际确定月平均产蛋率和种蛋合格率。

②计算每月每只产蛋量和每月每只种蛋数。

每月每只产蛋量＝月平均产蛋率×本月天数

每月每只产种蛋数＝每月每只产蛋量×月平均种蛋合格率

③根据鸭群周转计划中的月平均饲养母鸭数，计算月产蛋量和月产种蛋数。

月产蛋量＝每月每只产蛋量×月平均饲养母鸭数

月产种蛋数＝每月每只产种蛋数×月平均饲养母鸭数

有了这些数据，就可以计算出每只鸭产蛋个数和产蛋率。产蛋计划可根据月平均饲养产蛋母鸭数和历年的生产水平，按月规定产蛋率和各月产蛋数等指标制订。

三、种禽场孵化计划的制订

种禽场应根据本场的生产任务和外销雏禽数，结合当年饲养品种的生产水平和孵化设备及技术条件等情况，并参照历年孵化成绩，制订全年孵化计划。

①根据禽场孵化生产成绩和孵化设备条件确定月平均孵化率。

②根据种蛋生产计划，计算每月每只母禽提供雏禽数和每月

总出雏数。

每月每只母禽提供雏禽数＝平均每只产种蛋数×平均孵化率

每月总出雏数＝每月每只母禽提供雏禽数×月平均饲养母禽数

一般要求的孵化技术指标是：全年平均受精率，蛋用鸭种蛋85%～90%，肉用鸭种蛋80%以上；受精蛋孵化率，蛋用鸭种蛋88%以上，肉用鸭种蛋85%以上，出壳雏鸭的弱残次率不应超过4%。鹅的孵化指标可参考鸭指标，但不同品种之间的差异较大。

四、饲料供应计划的制订

饲料是进行水禽生产的基础。饲料计划一般根据每月各组禽数乘以各组禽自平均采食量，得出各个月的饲料需要量。根据饲料配方中各种饲料品种的配合比例，算出每月所需各种饲料的数量。

（1）根据鸭群周转计划，计算月平均饲养鸭只数。月平均饲养成鸭数为种公鸭、一年种母鸭和当年种母鸭的月平均数之和；月平均饲养雏鸭数为母雏、公雏的月平均饲养数之和。

（2）根据鸡鸭场生产记录及生产技术水平，确定各类鸭群每只每月饲料消耗定额。

（3）计算每月饲料消耗量。

每月饲料消耗量＝每只每月饲料消耗定额×月平均饲养鸭只数

每个水禽场都必须制订所需饲料的数量和比例的详细计划，防止饲料不足或比例不稳而影响生产的正常进行。目的在于合理利用饲料，既要喂好禽，又要获得良好的主副产品，节约饲料。

饲料费用一般占养禽生产总成本的65%～75%，所以在制订饲料计划时要特别注意饲料价格，同时又要保证饲料质量。饲料计划应按月制订。不同品种和日龄的水禽所需饲料量是不同的。

如果当地饲料供应充足及时，质量稳定，每次购进饲料一般不超过3天量为宜。如禽场自行配料，还须按照上述禽的饲料需要量和饲料配方中各种原料所占比例折算出各原料用量，并依市场价格情况和禽场资金实际，做好原料的订购和储备工作。拟定饲料计划时，可根据当地饲料资源灵活掌握，但饲料计划一旦确定，一般不要轻易变动，以确保全年饲料配方的稳定性，维持正常生产。

此外，编制饲料计划时还应考虑以下因素：

（1）水禽的品种、日龄 不同品种、不同日龄的水禽，饲料需要量各不相同，在确定水禽的饲料消耗定额时，一定要严格对照品种标准，结合本场生产实际，决不能盲目照搬，否则将导致计划失败，造成严重经济损失。

（2）饲料来源 禽场如果自配饲料，还须按照上述计划中各类水禽群体的饲料需要量和相应的饲料配方中各种原料所占比例折算出原料用量，另外增加10%～15%的保险量；如果采用全价配合饲料且质量稳定，供应及时，每次购进饲料一般不超过3天用量为宜。饲料来源要保持相对稳定，禁止随意更换，以免使水禽群体产生应激。

（3）饲养方案 采用分段饲养，在编制饲料计划时还应注明饲料的类别，如雏料、大雏料、蛋鸭1号料、蛋鸭2号料等。

第四节 水禽场工作人员岗位职责

一、场长职责

（1）负责养水禽场全面工作，制订全年生产计划和经济指标，总结全年工作。

（2）主管水禽场财务工作，制订全场财务预算，规范财务管理，坚持民主理财，做到财务公开。

（3）制订场内各项规章制度，负责职工的学习、培训、考核和晋级工作。

（4）协调水禽场内部各生产单位之间以及水禽场与地方有关部门之间的关系。

（5）坚持克己奉公，秉公办事，廉清自律，严格管理，不徇私舞弊、以权谋私。

（6）加强调查研究，深入生产一线，掌握第一手资料，正确指导全场工作。

（7）密切联系群众，关心职工疾苦，了解和听取群众意见，接受群众监督，不断改进工作作风。

（8）及时收集和掌握市场信息，及时修订和调整生产计划。

（9）定期检查生产计划和各项管理制度的执行情况。

（10）妥善处理各种突发事件。

（11）完成其他工作。

二、场内兽医技术员职责

（1）按照本场实际情况制订防疫计划，按计划开展各种疫苗的免疫接种工作，并在每次免疫接种后的适宜时间检查免疫效果。

（2）与饲养管理人员一起对禽舍及饲养器具进行定期预防性投药、消毒，并检查效果。

（3）定期更换场门口消毒池内的消毒液。

（4）定期进行驱虫。

（5）对病禽进行临床诊断、治疗和护理。

（6）负责引种时的检疫工作。

（7）认真填写和上报全场防疫统计报表。

（8）熟悉发生疫情时的处理办法，密切注意场内、场外疫情发生情况，及时掌握疫情动态，保密疫情，按程序呈报，当好场长的参谋。

（9）学习和掌握疫病防治新技术和新方法。

（10）完成场长交办的其他事情。

三、饲养员职责

（1）认真学习水禽基本理论知识和基本饲养技术，虚心接受岗位培训，不断提高饲养水禽的基本技能。

（2）遵纪守法，遵守场内各项规章制度，爱护动物和公用财物，不拿公共财物占为己有。

（3）按操作规程办事，依照水禽饲养技术操作规程饲喂、饮水、清洁、消毒。

（4）服从领导工作分配，服从技术员技术指导，忠于职守，不怕脏不怕累，做好本职工作。

（5）杜绝饲料浪费。及时检查水槽、饮水器是否漏水，认真观察水禽采食、饮水、粪便、活动及休息等情况，若发现病禽应及时治疗或报告兽医技术员。

（6）做好各项记录填写与分析工作。

参 考 文 献

陈烈 . 2009 . 科学养鸭 . 北京：金盾出版社 .

杜文兴 . 2002 . 新型家庭养鸭 . 北京：中国农业出版社 .

黄炎坤，韩占兵 . 2004 . 新编水禽生产手册 . 郑州：中原农民出版社 .

江苏省农业委员会 . 2011 . 水禽标准化养殖技术 . 南京：江苏科学技术出版社 .

李昂 . 2003 . 实用养鹅大全 . 北京：中国农业出版社 .

沈益新，王恬 . 2006 . 种草养鹅技术 . 北京：中国农业出版社 .

王恬 . 2002 . 畜牧学通论 . 北京：高等教育出版社 .

王永坤，朱国强，金山，等 . 2002 . 水禽病诊断与防治手册 . 上海：上海科学技术出版社 .

杨慧芳 . 2006 . 养禽与禽病防治 . 北京：中国农业出版社 .

杨宁 . 2002 . 家禽生产学 . 北京：中国农业出版社 .

张海彬 . 2007 . 绿色养鹅新技术 . 北京：中国农业出版社 .